讀品文化

稻盛和夫認為：
屈服於困難就是替自己的不夠投入找藉口。

李翔生◎編著

為何問題總比方法多：主管應重視的22個核心問題

Problems vs. Solutions: 22 Subjects for Supervisors

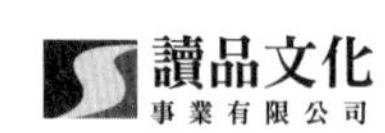
永續圖書線上購物網 讀品文化事業有限公司

WWW.foreverbooks.com.tw yungjiuh@ms45.hinet.net

全方位學習系列 49

為何問題總比方法多：主管應重視的22個核心問題

編　　著　李翔生
出 版 者　讀品文化事業有限公司
執行編輯　林美娟
美術編輯　林子凌

騰讯读书 BOOK.QQ.COM 华夏原创网

本書經由北京華夏墨香文化傳媒有限公司正式授權，同意由讀品文化事業有限公司在港、澳、臺地區出版中文繁體字版本。

總 經 銷　永續圖書有限公司
TEL／(02)86473663
FAX／(02)86473660
劃撥帳號　18669219
地　　址　22103 新北市汐止區大同路三段 194 號 9 樓之 1
TEL／(02)86473663
FAX／(02)86473660
出 版 日　2014年03月

法律顧問　方圓法律事務所　涂成樞律師
CVS代理　美璟文化有限公司
TEL／(02)27239968
FAX／(02)27239668

國家圖書館出版品預行編目資料

爲何問題總比方法多：主管應重視的22個核心問題 /
李翔生編著. -- 初版. -- 新北市 : 讀品文化, 民103.03
面 ;　公分. -- (全方位學習 ; 49)
ISBN 978-986-5808-39-6(平裝)
1.企業領導 2.組織管理
494.2　　103000406

前言

尋找解決問題的方法雖然不是很容易，但方法總是有的，只要運用自己的智慧努力思考，難題終究會得到解決。管理者身爲公司的大腦，擔負著引領公司的重任，如果遇到了難題，就應該堅持努力，絕不輕易放棄。

在美國有「行銷怪傑」之稱的鮑洛奇，從窮人到億萬富翁，進而成為家喻戶曉的人物，成功的原因就在於他善於化危機為轉機，找出方法出奇制勝。

鮑洛奇當時經營了一個小水果攤，一天，有個供應鮑洛奇水果的倉庫起火了。滅火之後，庫內儲存大量從阿根廷進口的香蕉都被烤黃了，表皮上還出現了許多黑點，根本沒人會買。當他趕到現場時，倉庫老板正哭喪著臉犯愁，並表示：「誰願意買，隨便多少錢我都願意賣，多少補一點成本就行了。」但現場無人回應。

一向對各種事情都喜歡探究的鮑洛奇，剝開外皮一嚐，發現經過燒烤的香蕉居然別有一番風味，只不過外皮不夠漂亮而已。

於是他將經過火烤的香蕉全部低價買下，在大街上叫賣：「最新進口的阿根廷香蕉，與眾不同的南美風味！先嚐後買！」

有人心動了，嚐了嚐發現味道確實不錯。於是幾十箱香蕉很快一掃而空，鮑洛奇因此賺了一大筆錢。

稻盛和夫認爲，屈服於困難就是替自己的不夠投入找藉口。只有積極主動地想辦法，才能找到解決之道，最終勝利總是屬於善於尋找方法的人。在職場中，許多人身陷困境時只知道抱怨不休，但抱怨從不能讓所處的劣勢有絲毫變化。

奠定ＩＢＭ在大型電腦稱霸地位的小沃森說：「我總是毫不猶豫地提拔

我不喜歡的人。那些討人喜歡的人，可以成爲與你一同外出垂釣的好友，但在管理中卻幫不了你的忙，甚至替你設下陷阱；相反，那些愛挑毛病、語言尖刻、令人生厭的人，卻精明能幹，在工作上對你推心置腹，並且能夠實實在在地幫助你。」

有位管理學大師說過，管理的最高境界其實就是兩個字——妥協。這裡的「妥協」不是不講原則的亂妥協，而是在不妨礙最終大原則的基礎上，爲了達成目標而主動放棄一些無足輕重的小原則，是一種有意義的妥協。企業領導者在日常管理中要靈活變通，山不轉路轉，換個角度就是無限的機會。

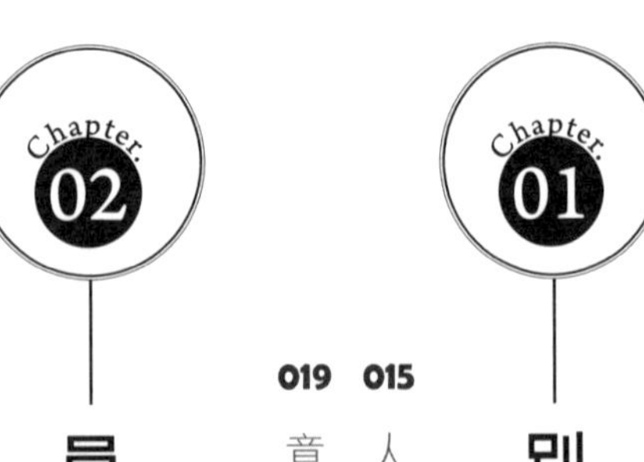

Chapter. 01

別人不敢用的，你敢用嗎？

Chapter. 02

員工渾身上下都在「出賣」自己

Chapter. 03

小習慣背後的大內心

Chapter. 07

小人物也有大智慧

把握動機與強迫堅持

Chapter. 12

對待小事的態度

全員老闆主義

辦法總比困難多

平平淡淡不是真

Chapter. 19

管理的本質是制度

搭便車管理的學問

要原則還是要靈活

「一抓就死，一放就亂」肯定是主管太笨

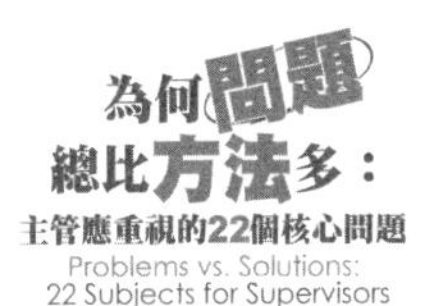

人才險中求

唐代詩人白居易有一名句：「試玉要燒三日滿，辨才需待七年期。」意思是說，想驗證玉是真是假，就得用火燒三天；要分辨一個人是不是貨真價實的人才，必需等上七年。

企業在招聘時，不論筆試、面試、複試加起來有幾層關卡，都很難在那麼短的時間內辨別一個人是庸才還是人才。選人時慎重是應該的，但過於優柔寡斷，只會使自己喪失真正的人才。

人才的優劣必需經過長時間的考驗，而且任何企業都不可能保證自己所聘用的每一個人都能產生絕對的經濟效益。想要成就一番事業，在選用人才時就要有敢冒風險的精神和開闊包容的心胸。

法國一家大企業的總裁曾經講過：「引進三個人才，其中有一個能發揮作用，就算是成功了。」但是在實際選用人才的過程中，管理者總會考慮花上這麼大筆的人事費用是否值得？假如找進來的是一個庸才，或是根本做不出成果的蠢材，豈不是白白浪費金錢？

這時，管理者必需牢記：「不管做什麼事，都不可能有百分之百的把握。但只要有七成把握，就該試著去做。」許多企業在招聘人才時，缺乏的就是冒風險、下賭注的勇氣，總是在不該猶豫的時候思慮萬千，擔心上當受騙。

例如：遇到一個各方面條件都很好的人才時，招聘人員心裡就會嘀咕，既然這個人條件這麼好，原來任職的公司爲什麼還要放人呢？如果這個人是從環境好的公司跳槽到環境差的公司，招聘企業就更會懷疑其中有見不得人的隱情，而對應聘人員的真實能力不敢輕易相信。於是便出現了一個怪現象：很多企業天天哭喊缺乏人才，但當人才送到面前時卻又不敢用。

英國物理學家法拉第，因為出身貧苦，只上過小學，所以在一開始只是個普通的裝訂工人。當英國皇家學會要為大名鼎鼎的鐘斯教授選拔研究助理的消息傳出後，年輕的法拉第激動不已，趕忙到規定地點去報名。但臨近選拔的前一天，法拉第卻意外地收到通知——他的資格被取消了，因為他只是一個普通工人。

法拉第氣憤地趕到選拔委員會去理論，但委員們傲慢地說：「沒有辦法，普通的裝訂工人想到皇家學院來工作，除非你能得到鐘斯教授的同意！」

法拉第猶豫了，如果不能見到鐘斯教授，就沒有機會參加選拔考試。但一個普通的書籍裝訂工人，去拜見大名鼎鼎的皇家學院教授，他會理睬嗎？

法拉第顧慮重重，但為了自己的人生夢想，他還是鼓足了勇氣站在鐘斯教授的大門口。教授的家門緊閉著，法拉第在門前徘徊了很久。終於，在膽怯中叩響了教授家的大門。

院裡沒有聲響，當法拉第準備第二次叩門的時候，門「吱呀」一聲開了。一位面色紅潤、鬢髮皆白、精神矍鑠的老者正注視著法拉第。

「門沒有鎖，請你進來。」老者微笑著對法拉第說。

「教授家的大門整天都不鎖嗎？」法拉第疑惑地問。

「幹嗎要鎖上呢？」老者笑著說，「當你把別人關在門外的時候，也就把自己關在了屋裡。我才不當這樣的傻瓜呢。」

這位老者就是鐘斯教授。他將法拉第帶到屋裡坐下，聆聽這個年輕人的述說之後，寫了一張紙條遞給法拉第：「年輕人，你帶著這張紙條去，告訴委員會那幫人說我已經同意了。」

經過嚴格而激烈的選拔考試，書籍裝訂工法拉第出人意料地成了鐘斯教授的研究助理，走進了英國皇家學院高貴而華美的大門。

企業在招聘人才時的優柔寡斷和瞻前顧後，就像是一扇門，不僅把人才關在了門外，也把自己關在門內，阻礙了企業的發展。所以，不要苛求自己引進的人才非得百分之百成功。既想引進適合的人才，就必需有敢冒風險的精神，做好交學費的準備。即使引進的人才無法幫助自己拓展事業版圖，也不能說明當初的決策是錯誤的，更不能停止今後引進人才的步伐。

意見多多的麻煩人物，比唯唯諾諾的奴才有用

通常老闆都喜歡選一些聽話的人作爲自己的下屬，這樣的下屬往往沒有什麼真本事，即使偶爾有一些創造性的想法，也不會說出來，因爲怕老闆聽了不高興。相反，那些有真本事的人，他們不怕失去工作，並且敢於直言，只要對團隊有益，他們就敢說敢做。

有一天，IBM的總裁小沃森正在辦公室裡。一位中年人闖了進來，並大聲嚷道：「我沒得混了！做這種閒差有什麼意思？我不幹了！」

這個人就是伯肯斯托克，IBM公司未來需求部的負責人。而剛剛去世

的IBM重要人物柯克正是他的好朋友。

柯克和小沃森是死對頭，這件事IBM上上下下都知道。柯克一死，所有人都認為伯肯斯托克大概在劫難逃。伯肯斯托克本人也這麼認為，因此他心想：與其被小沃森趕跑，不如自己先辭職，這樣還能夠走得體面些。

小沃森和老沃森一樣，是個以脾氣暴躁聞名的人。一個部門經理無禮闖入，還揚言不幹了，按常理看來，小沃森一定會拍案而起，立即叫伯肯斯托克滾蛋。

令人意外的是，小沃森絲毫沒有發火，反倒笑臉相迎。因為小沃森知道什麼時候該發火，什麼時候千萬不能發火。他知道，伯肯斯托克是一個難得的人才，比剛去世的柯克還要勝過一籌，留下他對公司百利而無一害。雖然，他是柯克的下屬兼好友，並且性格桀驁不馴，但小沃森對伯肯斯托克說：「如果你真的有本事，不僅在柯克手下能夠成功，在我和我父親手下也照樣能夠成功，如果你認為我對你不公平，你可以走人。如果不是這樣，那你就應該留下來，因為這裡需要你，也有能夠讓你得到發展的機遇。」

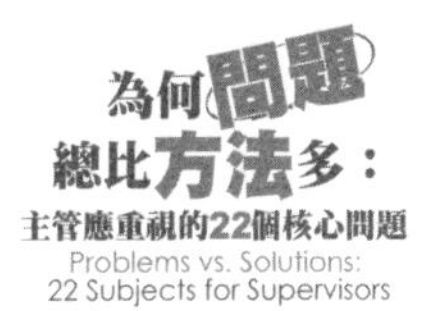

伯肯斯托克捫心自問，覺得小沃森對他從沒有任何不公平的地方，也沒有像別人想像的那樣，柯克一死就收拾他。於是伯肯斯托克留了下來。

事實證明，小沃森留下伯肯斯托克是正確的。小沃森在敦促ＩＢＭ從事電腦業務時，曾受到高層的極力反對，贊同他的人很少，只有伯肯斯托克全力支持。而正是小沃森和伯肯斯托克的攜手努力，才使ＩＢＭ渡過難關。小沃森後來在回憶錄中說：「挽留伯肯斯托克，是我最出色的決定之一。」

小沃森不僅留下並重用伯肯斯托克，在他執掌ＩＢＭ期間，還提拔了一大批他不喜歡但是具有真才實學的人。小沃森後來回憶說：「我總是毫不猶豫地提拔我不喜歡的人。那些討人喜歡的人，可以成為與你一道外出垂釣的好友，但在管理中卻幫不了你的忙，甚至替你設下陷阱；相反，那些愛挑毛病、語言尖刻、令人生厭的人，卻精明能幹，在工作上對你推心置腹，能夠實實在在地幫助你。如果能把這樣的人安排在自己身邊，經常聽取他們的意見，是十分有利的。」

一個看不出問題，只會說好話的奴才，不可能給企業帶來利益，而看起來鋒芒畢露卻目光敏銳的人則有可能會給企業帶來利益。作爲管理者，不要在乎所用之人聽不聽話，而要在乎其是否有用。

無聲的「自我介紹」

身體語言學家指出，人的身體是一個奇妙的信號發射台，每一個動作都可以構成豐富多彩的身體語言。而坐姿，也是人類身體與外界溝通的途徑，它反映出一個人的內心情感。

坐姿的變化，會向外界發送思想、情感訊息，藉此可解釋人的心態、個性，以及觀念。通過坐姿，你就可以瞭解他人。

一、端正的坐姿

習慣將兩腿和兩腳跟緊緊併攏，把手放在膝蓋上。坐姿端正的人，通常性格就和姿勢一樣，性情謙遜溫順內向，爲人正派。他們對自己的感情非常敏感，隱晦極深，就算與喜歡的人相處，也不會說出太甜蜜的言語。他們秉性純摯，善於爲他人著想，所以很有人緣。

二、古板的坐姿

入座時，將兩腿和兩腳跟靠攏在一起，雙手交叉放在大腿兩側。由於雙手交叉是相對封閉自己的手勢，所以這類坐姿的人個性刻板，很難接受他人的意見。他們缺乏耐心，容易不耐煩，凡事都想做得盡善盡美，但往往沒有能力完成。他們喜歡誇誇其談，但總是缺少實幹的精神。

三、靦腆的坐姿

有的人坐著的時候，膝蓋並在一起，小腿隨著腳跟分開呈「八」字形，兩手相對，夾在膝蓋中間。這類坐姿的人非常害羞，不擅長與人交往，他們感情細膩，卻不會表達感情。這類人比較保守，習慣運用陳舊的經驗做依據，沒有創新和突破的能力，容易因循守舊。在生活之中，他們對朋友十分友善，有求必應，感情真誠，每當朋友需要，立刻就會出現。

四、堅毅的坐姿

有的人在入座時，習慣將大腿分開，兩腳腳跟併攏，兩手放在肚臍的部

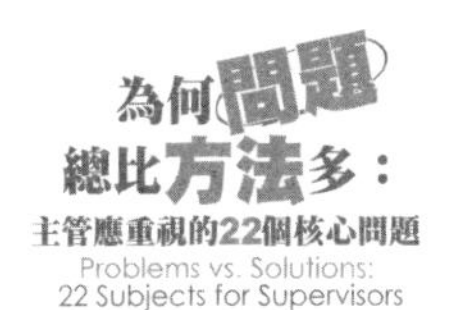

位。這類坐姿的人有勇氣、有魄力、有行動力，一旦考慮過某件事情，就會立即採取行動。這類人屬於不斷追求新事物，不斷追求自我挑戰的人，他們適合擔任主管，具有權威性，並能用自己身上的氣勢威懾他人。

五、怡然自得的坐姿

怡然自得的坐姿是指半躺半坐，雙手抱於腦後，一副悠閒的樣子。這類人個性隨和，喜歡與人攀談，與任何人都能打成一片。同時，他們善於控制自己的情緒，容易獲得大家的信賴。他們適應能力強，對生活充滿希望。口才極佳，但並不是在任何場合都會與人爭論。對於是否要亮出自己的觀點，完全取決於當下的對象。

六、放任無拘的坐姿

放任無拘的坐姿是指坐著的時候，兩腿分開，距離較寬，兩手隨意放置。經常這樣坐的人，喜歡追求刺激，喜歡標新立異，因此偶爾會成爲引導都市消費潮流的先驅。他們喜歡與他人接觸，人緣不錯，並且從不在意他人對自己的評論。這一點有些人很難做到。所以，他們很適合成爲社會活動家或類似的職業。

只要仔細觀察，就會發現員工的坐姿各具特色。有的人喜歡蹺著二郎腿，有的人喜歡雙腿併攏，有的人喜歡雙腳交疊……每一種坐姿，似乎都是無意的。其實卻不然，怎麼坐事實上已經成爲一種習慣，成爲個性和心理狀態的代表。所以觀察員工坐相，可說是管理者深入瞭解員工的好方法。

讀懂員工的「手語」

手是人類最常使用的身體部位，當人的內心有感情波動時，就會很自然地用手部動作去表達，比如一個人在講電話，說到激動處時，明明對方看不到，他的手仍會在身前揮舞。

管理者如果注意觀察員工的手部動作，就會發現，員工的喜怒哀樂都會從手勢裡悄悄洩漏出來。

經濟危機來臨，小鄭不幸遭到公司裁員。然而禍不單行，偏偏在這個時候女友也提出了分手。他覺得十分絕望，雙手十指交扣，痛苦地緊握在一起。他似乎覺得壓力已經大到再也無法承受了，他的雙肘支撐在桌子上，緊握的手抱著腦袋，他覺得頭痛欲裂。

小鄭的手部動作透露出他此刻的心情。在遭受一連串的打擊之後，小鄭的心靈受到嚴重的創傷，於是他開始自我封閉。緊握的雙手所形成的閉合空間，就是他封閉內心的外在表現。

現實生活中，手勢反映心理的例子還有很多，以下就兩種典型手勢的隱藏意義做些具體介紹。

一、手心示人多為善意

把手心示人，通常表達的含義是服從和妥協。這是一種善意的手勢。這個動作首先會讓我們聯想到乞丐乞討時的慣用動作，表達哀求之意。而從歷史上看，這個動作應該是人們用來告知對方：我的手中並沒有武器，我是友好的。

手心向上代表「友好」的動作，經常可以在生活之中見到，比如禮儀小姐在指引路線時，就會用手心向上的動作指明前進的方向，代表了友善的誠意。又比如向某人介紹另一人時，也會用手心向上的手勢指著被介紹者，這其中還蘊涵著尊敬感。

手心向上表示「妥協」的姿勢也有很多例子，比如當丈夫遭到妻子的責罵時，通常會雙手一攤，表示「我的確什麼也沒做過」。這個姿勢既是表示自己清白，也有著承認錯誤並且要求妥協的意思，希望妻子不要再繼續責罵他了。撒謊的男人則通常不會做這個動作，而會下意識地隱藏自己的手心。觀察力敏感的妻子，就能從中發現細微差別。

另外，舉起一隻手並以手心示人，表示自己想要發言，或者想引起注意的意思；而將手掌按壓於心口，表示自己是真心的，基督教徒對著聖經發誓時，就是把手心按在聖經上面，以示自己沒有撒謊。

二、隱藏手心表示想要控制對方

對比於「手心向上」或者「露出手心」，手心向下或者隱藏手心，就代表完全相反的意思，多數時候這個姿勢代表了一種權威性。

你對某人做出手掌反過來或手心朝下的手勢，對方馬上就會意識到你想控制他。一般來說，這個動作多半來自上級對下屬。上級本來就有凌駕於下屬之上的權力，這個手勢強化了這一層意味。

假如你和對方的身份和地位平等，當你對他提出要求並做出手心朝下的動作，這個時候對方很可能會拒絕你的要求，因爲你的動作讓他感覺到你想控制他，通常尤其是男性都不會樂見同級別的另一個人指揮自己。當然，下屬對上級就更不適合用這種姿勢了。如果你的下屬經常在你面前做這種手勢，你就要小心了。

盯著員工的眼睛

眼睛是心靈的窗戶，這句話幾乎所有人都知道，但很少有人會在談話時注意觀察對方的眼睛。如果管理者在日常管理中注意觀察員工眼睛的運動軌跡，就會發現員工沒有什麼能瞞得過你。

神經科學的研究告訴我們，當我們思考時，大腦中的不同區域會被啓動，導致眼睛向不同的方向運動。眼睛向左上方看時，表示大腦正在回憶過去的情景或事物；眼睛向右上方看時，表示大腦正在想像一幅新的畫面；眼睛向左下方看，表示大腦正在回憶某種味道或感覺；眼睛向右下方看，表示正感受到身體上的痛苦。也就是說，眼珠轉動的方向會暴露我們的思想。借助這個線索，我們就可以從對方眼睛運動的方向，來判斷對方是否在說謊。

具體來說，眼睛向左上方看，意味著大腦正在搜索記憶，所說的是真話；眼睛向右上方看，意味著大腦正在創建想像，所說的就是謊話。如果你週一早上問同事週末是怎樣度過的，對方回答：「帶兒子去動物園。」此時，如果他的眼睛向左上方看，說明他腦海中正在浮現昨天和兒子在動物園玩樂的情景，並沒有撒謊。而如果他的眼睛向右上方看，則說明動物園一事，只是他臨時編造出來應付你的謊言。

人們在思考時，眼睛運動的方向是由大腦內活動區域所決定，很難人爲控制。因此，觀察眼睛的運動方向來判別謊言，不失爲一個很好的辦法。不過，爲了確保判斷的準確性，使用這個方法還有兩個很重要的注意事項。

一、事先編造好謊言的人，眼睛不會轉動

眼睛的轉動必需和相應的思維活動相聯繫才有意義，如果已經事先準備好一套說辭，就等著你問話時，就不會觀察出他的眼睛運動有什麼不同了。因爲即使謊言是虛構的，此時也變成了一種記憶。因此，只有在人們沒有準備的情況下一邊說話一邊構造謊言的時候，才能採用這種方法來判別。

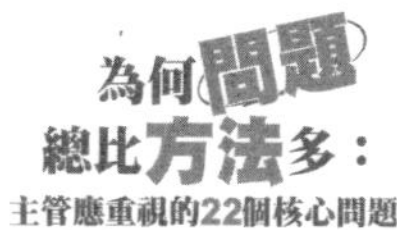

二、解讀眼睛並不適用於所有人

上述規律總結了大多數人的眼睛運動方式，但它並不適用於所有人，現實生活中總是存在著許多例外情況。例如，慣用左手的人眼睛轉動的方向可能正好相反，往左上方並看不是回憶，而是編造謊言的表現。爲了確保判斷的準確，可以先提出一些對照性的問題，以找出對方眼睛轉動的規律。例如，先問對方：「你覺得二十年後你會是什麼樣子？」這是一個關於想像的問題，此時仔細觀察，就可以確定他在創建想像時眼睛轉動的方向，然後就可以進行正確的判斷了。

從言談習慣看員工內心

在工作之餘，同事間言談聊天是再普通不過的事。但是，這些閒談，卻正好能幫助管理者探知他人的內心世界。言談習慣是一個人性情的外在體現之一，不同的言談習慣能夠反映一個人不同的性格特徵。

有些人一打開話匣子就停不住，這樣的人在說話時可能口沫橫飛。一般說來，這類人非常不適合職場社交，因爲他們往往不注意別人是否有時間和他們說話。他們常常只是爲了安慰自己，或者讓自己鎮定下來，轉移自己對煩惱的事或者一些重大情緒的注意力。這些人喜歡聽自己說話，所以他們的個性中常常有著自戀傾向，他們不在意自己是否會對別人產生影響。太過投入的他們，完全感覺不到自己有多麼令人厭煩，就算碰巧身邊沒有人，他們也不會閒下來，往往會自言自語以自娛。

從心理學的角度來看，他們不停地說話，也許是一種自我防衛機制，以此來迴避被遺棄的孤獨和恐懼感。他們非常需要聽眾，所以要是有人在身邊，他們就會非常喜歡搶著說話。同時，他們又以自我爲中心，是那種經不起侵犯，一觸即發的人。他們的脾氣不好，一旦生氣，就會無法壓抑地直接爆發出來。所以如果你想打斷他們的話，他們就會不甘示弱地拉高嗓門要和你拼到底。

如果管理者身邊有這類一根腸子通到底，凡事不三思而行的員工，他們可能很容易闖禍，或是掉進他人的圈套裡。所以要謹慎運用這類員工，不可輕易委以重任。

管理者可以透過打斷一個人的談話後觀察其不同表現，來判斷對方是什麼類型的人，應該委以什麼樣的任務：

一、沒有自信的人：把剩下的話吞下去

有的人被打斷後就會把後面的話吞下去，不再開口。一般說來，這樣的人對自己沒有信心，對人際關係更沒有信心。對他們來講，話講到一半就被人打斷，甚至從此轉移話題，是非常不尊重他們的表現。他們覺得受這樣的污辱很丟臉，所以會盡可能地把話吞進去，還希望大家不會注意到他們。這是一件很令他們難過的事，他們是那種就算受氣也不吭聲的人。

二、盛氣凌人的人：馬上要求對方尊重他

這種人氣勢凌人，頗有領導者的架勢，在他們講話的時候，絕不允許別人插嘴或打斷，一旦被打斷，他們會當面警告對方要尊重發言權。他們會說：「哎呀，你到底要不要聽我說話，等我說完你再說！」他們的性格很主觀，而且以自我為中心，他們想做什麼事，就會按照自己的意思來做，不容許別人干涉，一旦有人干涉，他們會毫不客氣地提出糾正。這除了需要很大的自信外，也要有很大的勇氣和很強的實力，這種直接反應對方的做法，很容易引發衝突。

三、沉得住氣的人：等對方說完，再接下去講

這種人若不把話說完心裡會不舒服，一旦有人不尊重他們，打斷他們說

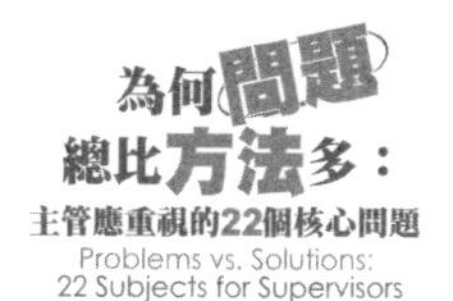

話，他們便會等對方講完再接下去講。從這點可以看出，他們的個性屬於沉著穩重型。雖然他們知道對方不尊重自己的發言權，但又不便當面翻臉，只好耐心地等對方講完，再很有君子風度地繼續自己的發言。這樣，既可以避免話沒講完的尷尬，也可以給對方一個教訓。這種人非常明白制敵之術。

每個人都有自己的言談習慣，而且不同的人所具有的言談習慣都有各自的特點。心理學家經過反覆調查和研究，瞭解到說話習慣與每個人的性格有著直接的關聯，並且這樣的關聯還可以用來作爲識別個性的基本方法。因而，仔細觀察員工的言談習慣，藉此來判斷其個性、品味、素養，就可以加深對員工的瞭解，增強對企業的掌控。

打招呼的方式也會洩漏不同性格

心理學家斯坦利・弗拉傑博士聲稱，從一個人打招呼的習慣用語，就可以看出那個人身上很多的特質。

所謂會洩漏性格的習慣用語，尤其指初識友人時打招呼的習慣用語。每一種習慣用語，都表現了說話者的性格特徵。

一、「你好！」

這樣的人大多頭腦冷靜，只是稍微有些遲鈍。對待工作勤勤懇懇，一絲不苟，能夠把握自己的感情，不喜歡大驚小怪，深得朋友們的信任。

二、「喂！」

此類人快樂活潑，精力豐富，直率坦白，思維敏捷，具有良好的幽默感，並善於聽取不同的見解。

三、「嗨！」

此類人靦腆害羞，多愁善感，極易陷入尷尬爲難的境地，經常因爲擔心出錯而不敢創新。但有時也很熱情，討人喜愛，這點尤其在與家人或知心朋友共處時特別明顯。下班後的休閒時間，他們寧願和心愛的人待在家中，也不願到外面消磨時光。

四、「一起來吧！」

這種人做事果斷，喜歡與人共享自己的感情和思想，好冒險，不過也能及時從失敗中吸取教訓。

五、「很高興看到你。」

這種人性格開朗，待人熱情謙遜，與其袖手旁觀，這類人更喜歡親身參與各種各樣的事情。他們開朗活潑，是十足的樂觀主義者。不過，他們也喜歡幻想，經常被自己的情感所左右。

六、「有啥新鮮事？」

這種人雄心勃勃，好奇心極強，凡事都愛追根究底，非要弄個究竟不肯罷休。熱衷於追求物質享受，並為此不遺餘力，辦事計畫周密，有條不紊。

七、「你怎麼樣？」

此類人喜歡出風頭，希望引起別人注意，對自己充滿了自信，但又時時陷入深思。行動之前喜歡反覆考慮，不輕易採取行動，一旦接受任務，就會全力以赴地投身其中，不達目的，誓不甘休。

管理者可以注意觀察剛入職的員工跟同事們打招呼的方式，然後根據以上規律判斷他的性格和將來的職涯發展。

打完巴掌，甜湯要跟上

馭人是一門藝術。隨著時代和思想的進步，馭人的方法千變萬化，但不論怎麼變，有兩點絕對不會變，那就是獎與罰。

領導者若想贏得下屬追隨，使他們心悅誠服，一定要懂得恩威並施的馭人之術。日本有位企業家歸納自己的用人經驗時說：「打完一巴掌再給一個甜棗。」意思是高明的領導者既要善於對下屬施威，給予批評或者責罰，使他驚醒於自己的錯誤，又要懂得在恰當的時候給一點甜頭，使其愧疚的心平息下來，引導其朝正確的方向走。

我們可以把領導者的發威喻爲「火攻」，把領導者的施恩視爲「水療」。水火並進，雙管齊下，這樣才能駕馭下屬，使員工發揮出他們的才能。

所謂恩，主要是指親切的話語及優厚的待遇，尤其是話語。要記得下屬的姓名，每天早上打招呼時，如果親切地呼喚出下屬的名字再加上一個微笑，這名下屬當天的工作效率一定會大大提高。他會感到，主管認得我，我得好好上班才行！

有許多身居高位的人物，若能夠記得只見過一兩次面的下屬名字。在電梯間或門口遇見時，點頭微笑之餘，同時叫出下屬的名字，就會令下屬受寵若驚。另外，領導者對待下屬，還要關心他們的生活，聆聽他們的憂慮，連他們的起居飲食都要考慮周全。

所謂威，就是在和平之中依舊必需保持命令與批評。不能爲了維護平和謙虛的形象，而始終客客氣氣，不好意思直斥其非。請拿出做上司的威嚴來，讓下屬知道你的判斷是正確的，並且要求百分之百的執行成果。

上司的威嚴還包括了分派工作和交代任務。一方面要敢放手讓下屬去做，不要自己一人打天下；另一方面在交代任務時，對於什麼時間完成，達到什麼標準，要求必需明確。任務分派完成之後，還必需時時檢查下屬的完成進度。

可見，所謂「火攻」走的是強硬路線，首先鎮住局面；再通過「水療」把恩澤緩緩傳遞出去，浸潤到各個下屬心中。恩威並濟，就是令下屬不得不佩服你的手段。

當然，領導者在具體的管理中，也應當注意掌握好分寸。善於發威的領導者深知「威」雖是對眾人而發，但對於個人而言，應該給予不同的做法。部下中確有某些出色的人才，這種「千里馬」是不能重鞭的。另外還有好勝心特別強的人，或是充滿叛逆但能力非凡的人，也都不能用威風將他們壓制得毫無喘息空間。

另外，有些下屬是根本不吃高壓這一套的，這時就要演給他看，讓他知道老闆對普通人會發威，但對他不同，因爲他特別出色。像這一類好勝心特別強的人，通常也特別敏感，一旦收到這樣的資訊，內心就會種下「士爲知己者死」的感動，並用最忠貞的態度來回報老闆。這種方式其實也是領導者傳遞威勢的方式之一，而且是威施於無形之中。

具有威懾力的領導者，通常決斷力也很強，辦事爽快果斷，常常是一字千金，令人折服。而部下也會因爲敬佩而不自覺地向你靠攏，感染上你的風格。

獎賞是一門學問

在企業管理中，所謂的「獎勵」不只是塞錢給員工那麼簡單。若是本該當著大家面前給予的獎勵，卻在暗地裡給，有可能會引起員工間互相猜忌；而該暗地裡獎勵的，卻當著大家面前獎勵，則會讓受獎的員工難做人；該大大獎勵的只給了小獎，根本起不了任何激勵作用；反過來，只需要小小表揚一下的卻給了大獎，反而會降低受獎者的工作積極度。所謂「獎勵」，其實是很有學問的。

美國一家大公司辦了一份深受員工們歡迎的內部刊物《喝彩‧喝彩》。《喝彩‧喝彩》每月都會透過提名的方式選出工作出色的員工，並刊登照片作為表揚。每年的慶功會更是新穎別致，受到表彰的員工會在每年八月來到科羅拉多州的維爾。在熱烈的氣氛中，一百名接受表揚的員工們坐著架空滑車來到山頂，領獎儀式就在山頂舉行。整個慶功會簡直就是一次狂歡慶典。公司找來攝影師將慶功會全程錄影下來，之後會在整個公司播放。畫面中，歡樂、開心和熱鬧場面的中心人物就是這些績優員工，他們受到大家的喝彩，也激勵全體員工努力爭取榮耀。

許多美商公司，都會以各種形式的的慶祝活動來激發員工們的積極和創造精神。運用榮譽激勵的方式，進一步激發員工的工作熱情、創造性和革新精神，從而大大提高工作績效。

所謂「榮譽激勵」，就是根據人們希望得到社會或集體尊重的心理需要，對為團體做出突出貢獻的人，給予一定的榮譽，並固定頒發這樣的榮譽。這樣一來就可以樹立起學習的榜樣和奮鬥的目標。所以榮譽激勵不僅內含著巨大的社會影響力，並且能夠號召公司的向心力。凡是有作為的管理者，無不善於運用這樣的手段激發下屬的熱情和鬥志，爲實現特定的目標而做出貢獻，以成就自己。

員工做事勤懇賣力，使你的公司業績蒸蒸日上。既然員工願意爲你的事業貢獻自己，那麼身爲領導者，也千萬不可吝惜腰包，應該要及時給予金錢獎勵，讓員工們感覺到自己的努力沒有白費，多付出一滴汗水就會多一分收穫。

獎勵可分明獎及暗獎。明獎的好處在於可藉此樹立榜樣，激發大多數人的上進心。但缺點在於明獎的提名和評選都是公開的，爲了顧慮面子問題，最後會變成輪流領獎，流於俗套。同時，由於當眾發獎容易引起嫉妒，爲了避免後續流言，得獎者多半會按照慣例請客，有時不但獎金進不了口袋，反而倒貼，使得獎勵失去了吸引力。

至於暗獎，就是管理者認爲誰工作積極，就在發放薪資時加發獎金，然後給予一紙文件說明獎勵的理由。暗獎對其他人不會產生刺激，但對受獎人的確可以產生激勵。沒有受獎的人也不會嫉妒，因爲誰也不知道誰得了多少獎勵。其實，有時候管理者在每個人的薪水裡都加上了同樣的金額，但每個人卻都認爲只有自己受到特殊待遇，於是接下來大家都很努力，都想爭取下個月的獎金。

有鑒於明獎和暗獎各有優劣，因此不宜偏執一方，應兩者兼用，各取所長。比較好的方法是大獎用明獎，小獎用暗獎。例如年終獎金、發明專案獎等，就用明獎的方式。因爲這種獎項不易發展成輪流得獎，而且發明專案有據可查，不會流於逃俗套。而月獎、季獎等，則宜用暗獎，可以真真實實地發揮刺激作用。

天地之性，人心為貴

歷史上性情兇殘的管理者大都迷信武力和權勢。需知民心不可用武力和權勢來征服，他們這樣做最後只會失去民心和天下。有遠見的管理者一定明白人心所向，天下才能到手，所以很多時候都會使用「仁慈」的手段來征服人心。

攻心之道是歷來統治者秘而不宣的治國之道。人心不是用武力可以征服得了的，只有讓人心服口服，才算是永久的征服。

漢光武帝劉秀曾說：「天地之性，人心爲貴。」若要用人，就必需徹底影響他的心。「心」是人的根本，若要爭天下，就必需爭人；若要爭人，著重點就是爭心。

劉秀在征伐天下的過程中，就十分注重爭心之術。建武三年，劉秀親率大軍前往宜陽，截斷了赤眉軍的退路。赤眉軍的小皇帝劉盆子驚懼萬分，他對哥哥劉恭說：「我苦思無計，萬望兄長能夠來救我。」

劉恭頗有才智，他點頭說：「戰之無益，眼下保命要緊。劉秀乃是你我劉氏的宗親，請允許我懇求於他，放我等十萬兵眾一條生路。」

劉盆子就此事和眾將商議，有人便憂心地說：「此議雖好，怕只怕劉秀不肯。」眾將猶豫，劉盆子更是放聲大哭。

劉恭見狀開口說：「倘若事不如願，我劉恭自然會和你們誓死抗敵。」

於是劉恭求見劉秀，說明歸降之意後，劉恭又說：「陛下能有今日的成就，可知是為什麼嗎？」

劉秀一笑說：「敗軍之將，有什麼資格能評說朕？」

劉恭又道：「赤眉軍曾有百萬之眾，竟有今日之敗，陛下也不想知道什麼原因嗎？」

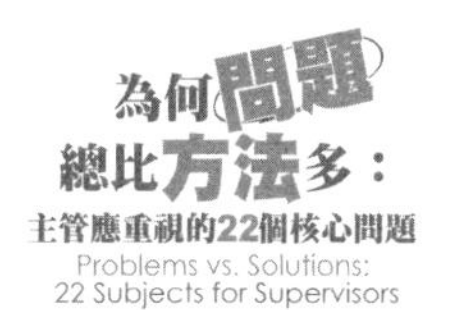

劉秀凜然正色：「聽說你很有見地，朕且容你敘說一二。如果你巧言惑人，朕定要嚴加治罪。」

劉恭苦笑一聲道：「赤眉軍殘暴待民，百姓怨恨，終成不了大事。陛下仁愛謙和，善收民心，方有時下大功。陛下若能再施仁義，赦免我將士，一來可以增加陛下的美名，二來可以保陛下江山不失，變亂不生。不知陛下可曾作此設想？」

劉秀臉上不動聲色，心中卻為劉恭之語深深打動。他故意反駁說：「倘若只是一時權宜之計，朕豈不上了你們的大當？」

劉恭卻不辯解，只說：「莽賊不仁，方有天下之亂。他屢次使用武力和軍隊殘害百姓，其報也速。在下話已言盡，全在陛下裁斷。」

劉秀和群臣議事之時，將劉恭所言複述一遍，他感嘆說：「天下還未大定，劉恭的話不可不聽啊。我們剿滅赤眉軍容易，但要恃此征服民心就大錯特錯了。百姓不服，天下就不會真正太平，這才是朕最擔心的事。」

劉秀於是又召見劉恭，答應了他們的投降請求。劉秀又下令賜給食物，讓長期饑餓不堪的十萬赤眉軍將士塡飽肚子。劉秀還安撫劉盆子說：「你們雖有大罪，卻有三善：你們攻城占地，富貴之時，自己的原配妻子卻沒有捨棄改換，此一善也。立天子能用劉氏的宗室，此二善也。諸將不殺你邀功取寵，賣主求榮，此三善也。」

劉秀的手下深恐赤眉軍再起叛亂，私下對劉秀說：「陛下仁愛待人，只需安撫住赤眉軍將士即可。劉盆子身為敵人首領，難保不生二心，此人不可不除啊。」

劉秀對手下人說：「行仁之義，全在心誠無欺，如此方有效力。朕待他不薄，他若再反，那是他自取滅亡；朕若背信枉殺，乃朕之失，自不同也。」

劉秀對劉盆子賞賜豐厚，還讓他做了趙王的郎中。人們稱頌劉秀賢德，天下的混亂局面也日漸安定了下來。

劉秀治天下的招數，用在公司管理中同樣適用。管理學上有個「換心效應」：上級給一尺，下屬還一丈。身爲管理者，如果能先將你的「仁慈」之心交給下屬，下屬就可能會以十倍的熱情和誠心回報給你。在人才管理中，人心是一筆無形的財產，是一筆永遠不可忽視的巨大財富。人是最大的生產力來源，經營企業就是經營人心，耳提面命不如溫暖人心。

未來的競爭，就是「人心的競爭」。企業若想取得長足發展，並在激烈的市場競爭中立於不敗之地，首先就應該注重爭取人心，進行有效的情感投資。

員工的歸屬感

人們大多希望組織家庭，有情感寄託，能享受天倫之樂；希望自己能歸屬於某個群體，有自己的朋友和社交圈；希望自己有工作，一來可施展才華和抱負，滿足成就感，二來也可獲得組織的支援，得到力量、溫暖和歸屬感。一個人對某個組織的歸屬感越強，他就越熱愛這個組織，工作積極度也就越高。

所謂歸屬感，是指由於物質和精神兩方面的共同作用，使個體對整體產生高度的信任和眷戀，並促使該個體在潛意識裡將自己融入到整體中去，以整體利益爲自己行事的出發點。員工的歸屬感對企業的發展尤爲重要，能否使員工產生歸屬感，是贏得員工忠誠，增強企業凝聚力和競爭力的根本所在。

歸屬感是一個外延廣泛、內涵豐富的概念。從表層而言，歸屬感來自滿

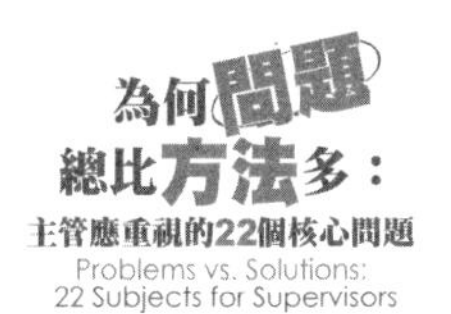

意度，簡單來說就是指一個人對工作的態度。工作滿意度高的員工，會對工作保持積極的態度，表現為對工作的高度投入、主動性強、工作效率較高；對工作不滿的員工，則會對工作持消極的態度，如推卸責任，逃避承擔更多工作。具有適度挑戰性的工作、公平的報酬、支援力道強大的工作環境和融洽的同事關係，都是影響工作滿意度的決定因素。

深層研究所謂「歸屬感」，就可以看出它不僅僅是一種滿意度，更表現為一種團隊意識、創新精神的發揮，以及主人翁意識的體現，也就是員工價值觀和企業價值觀得到了統一。只有當員工的個人價值觀和企業的價值觀合而為一時，員工才能感到自己的理想與企業結合，隨之而來的就是工作上的成就感，和與企業一同發展的渴望。這時員工也就相信自己的價值會在企業的運營中得到實現，使得員工決心將自己融入企業中，以企業的利益為導向，此時歸屬感隨之產生。

員工的歸屬感是企業凝聚力的核心。那種被企業需要、尊重的感覺，會不斷激發員工去創新。當企業出現經營困難時，有歸屬感的員工更能不離不棄，願意共體時艱、共渡難關。一旦員工對企業產生了依戀和歸屬感，就會放不下手中的工作，離不開合作的團隊，捨不得未完的事業。

如果員工對企業不信任，欠缺對團隊的歸屬感，他們就不可能以身在團隊中工作為傲，工作的熱情和實力都不會得到完全的激發，他們只是為「工作」而工作，只會「做完」工作而不是「做好」工作。此時企業和員工雙方為了確保自己的競爭力和發展性，就會有另一種情況產生，那就是企業的流動性會相對增大，使得穩定和長期發展受到影響。

企業需要員工的「歸屬感」來積聚向心力；同樣對於員工來說，他們也需要這種「歸屬感」來滿足自身對「安全感」的追求。人都有對安全的需求，需要加入到某一個群體當中，通過群體成員之間的相互作用，得到這個集體其他成員的認同，進而產生被社會認同的感覺。

在這種情況下，人才可以消除無助和孤獨，減少自我懷疑，覺得自己充滿力量，面對複雜的社會生活能夠感覺到是安全的、有依託的、受人信任的。而在安全感的基礎上，人們更能夠滿足地位感、自尊、實現目標的需要，從而對該群體產生更加強烈的歸屬感。

那麼，在組織管理活動中，如何才能滿足員工的歸屬感呢？

一、增加員工之間的認同感

成員之間多交流、多溝通，才能相互瞭解，達成共識，消除誤會，增進認同感，從而增加歸屬感。比如說，多舉辦大型娛樂活動，主動針對某些衝突展開討論等。

二、讓員工有安全感和溫暖感

「哪裡最安全、最溫暖？」當有人問這樣的問題時，相信絕大部分的人會回答「在家裡」。所以每個人都想營造一個溫馨的家，並爲家庭終生奮鬥。一個好的公司應給員工家庭般的溫暖。其中，最重要的就是不輕易解雇員工，且在工作生活中遇到困難時，也能及時給予幫助，這樣在公司裡能夠得到如家庭般的溫暖。

三、安排員工感興趣的工作

興趣是最好的老師。根據心理研究指出，一個人若能做自己感興趣的事，比起要他做不感興趣的事，效率會高出若干倍，感興趣的工作往往容易做出成果，且長期從事感興趣的工作，也有利於身體健康；反之亦然。身爲管理者要善於觀察、分析每位員工的興趣差異，因人而異地安排工作。如果每位員工所做的都是他有興趣的領域，他們就會熱愛各自的崗位，工作本身對他就會充滿吸引力。

四、讓員工有成就感

作爲管理者要經常宣傳企業的目標和工作的意義，讓員工覺得自己是在做有意義的工作；還要適時表揚表現好的員工，尤其對成就欲強烈、充滿抱負的員工，要安排充分施展才華的崗位，且委以重任，讓他們從事業中得到快樂。

五、讓員工覺得自己很重要

作爲管理者，要掌握每一個員工的情況，既可以適才適用，又能夠給下屬一種「得到上司重視」的感覺，以增強他對工作的責任心。通常情況下，員工都願意讓上司知道自己的名字，願意在上司面前表現自己，以引起上司的關注。因而，管理者一定要充分利用員工這樣的心理，來滿足他們的需求，並以此來激發、鼓勵員工的工作熱情。你對員工越關注，越瞭解他，他就越高興、工作熱情也會越高，對公司的貢獻便會越大。

要員工提起精神前，先讓大家發洩完怨氣

芝加哥郊外的霍桑工廠是一個製造電話交換機的工廠，這個工廠擁有完善的娛樂設施、醫療制度和養老金制度等，但員工們仍憤憤不平，生產狀況也很不理想。為探求原因，一九二四年十一月，美國國家研究委員會組織了一個由心理學家等各方面專家所組成的研究小組，在該工廠展開了一系列的研究。

這一系列研究的中心課題是「生產效率與工作物質條件之間的關係」。這一系列研究中有一項「談話試驗」，專家們花了兩年多的時間，一一與工人個別談話兩萬餘人次，並規定在談話過程中，要耐心傾聽工人們對廠方的各種意見和不滿，並詳細記錄對工人的不滿意見不准當場反駁或訓斥。

這項「談話試驗」收到了意想不到的效果，霍桑工廠的產量大幅度提高。原來由於工人長期以來對工廠的各種管理制度和方法有諸多不滿無處發洩，「談話試驗」使他們的不滿通通都發洩出來，從而感到心情舒暢，幹勁倍增。社會心理學家將這種奇妙的現象稱為「霍桑效應」。

霍桑試驗的初衷是想通過改善工作條件與環境等外在因素，來提高勞動生產效率。但是研究發現，影響生產效率的根本因素不是外因而是內因，即工人自身。因此，既然要提高生產效率，就要在激發員工的積極度上下工夫，要讓員工把心中的不滿一吐爲快。

霍桑工廠的「談話試驗」之所以能夠提高工作效率，主要原因就是這項試驗正好切合了人們內心某些潛在的心理特點：

一、渴望被重視

這是普遍存在的心理需求。在霍桑工廠，工人感到自己在參與研究過程這一刻，自己似乎成爲了特殊人物，並且能夠引起廠方極大的重視，因而感到愉快。工人們產生愉快心理後，周遭的一切都變成了他們喜歡的東西，生產條件也變成次要的了。他們會盡自己最大的努力按照老闆所要求的方式去做，儘管他們想的與老闆想的並不相同，但他們知道提高勞動效率是人們共同關注的目標。

二、人不能被動工作

人們的積極性必需被激發。透過這個研究我們可以看出，影響生產效率的最重要因素不僅僅是金錢，而是工人們自動自發的責任感。要培養工人高度的責任感，就必需給出高標準的勞動要求。研究發現，低標準只會抑制工人的積極性；而所謂高標準也並不是標準越高越好，而必需是合情合理，能夠在一定的努力下達到的標準。這樣一來，工人爲回報廠方對自己能力的信任，就會盡力完成目標。

三、工人的滿意度很重要

在決定生產效率的諸多因素中，這一點居首位。工作效益與制度的人性化，和員工的良性情緒有關。員工心情舒暢，幹勁才會倍增。如果管理者只是根據效率的要求而刻板地進行管理，完全忽略工人的心理感受，必然會造成雙方情緒的不快，進而影響生產率和目標的實現。所以，提高工人的滿意度，是企業管理中最重要的一項內容。

當管理者們領悟「霍桑效應」的妙處之後，實際應用的例子很多。比如，設立「牢騷室」，讓人們在宣洩完抱怨之後，再繼續投入到工作中，使工作效率大大提高。日本某些企業做得更徹底，他們在企業中設立「特種員工室」。在「特種員工室」裡陳設了經理、工廠主管、組長的人偶像及木棒數根，只要員工對某管理人員不滿，就可以用木棒去打自己所憎恨的人偶。

近年來，法國還出現了一個新興行業——運動消氣中心，僅巴黎就有上百個。提出此創意的人大都是運動心理專家，他們認爲運動可以解決人們的心理問題，尤其是心情積鬱等狀況。每個運動中心都聘請了專業人士擔任教練，指導人們如何通過喊叫、扭毛巾、打枕頭、捶沙發等行爲進行發洩。也有提供完整的心理治療，先找出不滿的原因，再用語言開導，接著就讓受訓者做大運動量的「消氣操」。這種「消氣操」當然也是專門設計出來的。

在美國也誕生了各種專供人發洩的「洩氣中心」。在這裡，有的醫生採用發洩療法對病人施治，具體形式為：召集病人圍坐在一起，讓大家毫無顧忌地發洩怨氣、吐苦水。

既然「發洩」已經成為商機，並且受到廣泛重視。作為企業主，若想讓員工提起精神，一定要先讓員工發洩怨氣，否則只會吃力不討好。

用創新理念來激勵員工

對管理者來說，運用企業理念傳達組織的價值觀，並鼓勵全體員工爲實現組織目標而努力，是一項重要的任務。

3M創始人麥克奈特不希望公司的演進和擴張只靠自己一個人，他希望創造一個能夠從內部繼續自我突破，由員工發揮個人主動精神推動公司繼續前進的組織。

從3M的工作者經常掛在嘴邊的話語中，可以看出麥克奈特的做法：

「要聽聽有創見的人的話，不管一開始時這些話有多荒謬。」

「要鼓勵，不要挑剔。讓大家發揮構想。」

「雇用能幹的人，放手讓他們去做。」

「如果你在眾人四周築起圍牆，你得到的只會是綿羊。給大家更大的空間吧。」

「鼓勵實驗自由。」

「試一試，而且要快！」

麥克奈特直覺認為，鼓勵個人主動精神就是進化的根本。「給大家自由，並且鼓勵大家自主行動一定會造成錯誤，但是……從長期來看，相較於讓經營高層獨裁式地要求手下應該怎麼做事，大家因為自主而犯的錯誤一定不會比經營高層獨裁所犯的錯誤嚴重。經營高層犯錯，一定會造成毀滅性的影響，並且扼殺一切主動精神。如果我們想繼續成長，一定要有許多具有主動精神的人。」

引進新的理念來激勵人心，是企業管理者的任務，爲了達到這個目的，必需遵循以下指導原則：

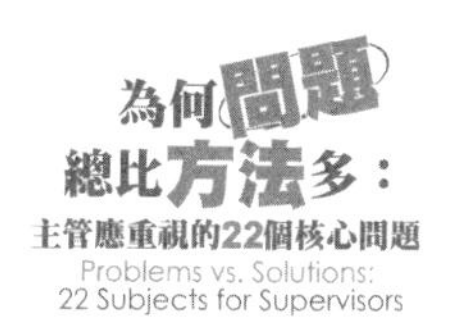

一、大家共同參與制定企業理念，但不要因此花費太長時間

有些CEO總是單獨制定使命和理念，然後強加於整個機構。這樣做只能取得表面的贊同。另一種與此截然相反的情形是，某些企業主允許太多的人參與意見表達，結果造成企業理念的變革無法獲得通過，或者變革的作用削減，以致無法用以作爲改革的手段。

二、確保新理念確實反映公司的長遠目標

許多組織所明文制定的使命和規劃，經常只是描述幾年後期望達成的目標，卻不能反映企業長遠的需要。

三、企業理念應該激勵人心

如果員工對完成使命絲毫不感興趣，認爲公司的價值觀毫無意義，遠景規劃也毫無吸引力，公司的理念就無法發揮應有的作用。在花費時間和財力推行企業理念之前，應先進行調查，瞭解員工的意見。

四、注重價值觀和變革的驅動關鍵

企業的平衡點在哪裡？哪些行爲和慣例發生變化，會引起企業文化朝理想方向轉變？如果把所有希望員工具備的行爲一股腦通通列入企業理念，員工們就無法區別哪些行爲更重要。這樣做很可能會迷失了重點。

五、採用相同的概念和術語

使用統一的概念和術語，將有助於員工理解並接受理念，更便於他們將兩者應用於實際工作中。

六、確保使用簡單易懂的語言

關於企業的理念，人們應該要很容易理解，並能很快掌握概念。

七、確保企業理念能明白無誤地轉換成實際行為

員工必需能夠瞭解他們的所作所爲是否符合企業使命和價值觀，並能設想符合企業理念的種種行爲實例。如果理念與他們的日常經驗相差太大，他們無法加以應用，那麼理念就沒有多少實際作用。

八、反覆傳遞資訊

電視和電台廣告之所以有其作用，不一定在於資訊本身是否絕妙無比，而在於其不停重複的特性。人們去商店買咖啡時，首先會想到的品牌，就是已

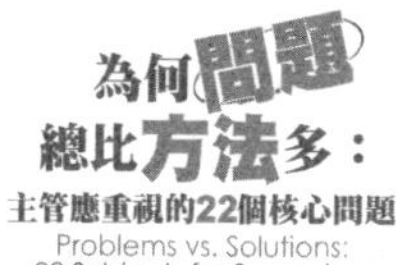

經深深印入他們腦海的品牌。在不同場合重複企業理念，也會收到同樣的效果。把企業理念當作佈告貼在牆上、在演講中提及、散發贊同性文章、員工分享成功經驗……傳遞的資訊越多，企業理念就越能深入人心。

小人物不可小覷

有很多企業的高官都是「勢利眼」，瞧不起基層員工，瞧不起小人物，只會仰望大人物。但其實所謂「大小」並不絕對，假以時日，二者有可能互換。所以對待小人物不要一味趾高氣揚，而要懂得變通，善於用人。

ＮＢＡ球員中，現在非常有名的亞裔球員林書豪在爆發前，就是一個十足的「小人物」。拿著底薪，坐在板凳的末端，被戲稱為「飲水機管理員」。身為球隊的第十二或十五人，根本得不到多少上場時間。

當時紐約尼克隊戰績不佳，球隊主將甜瓜和斯塔德邁爾缺陣，並且教練丹東尼隨時可能捲鋪蓋走路的時候，丹東尼抱著「死馬當活馬醫」的心態，在與紐澤西籃網對戰中派林書豪上場。結果林書豪大放異彩，並且一發不可收拾，率領尼克隊打出一波七連勝，寫下了一段體育界的傳奇故事。

小人物就像小螺絲釘，只要運用得當，就能推動大機器的運轉。不要小看小人物，有的時候，小人物很可能會產生大用處。

清雍正皇帝在位時，按察使王士俊被派到河東做官，正要離開京城時，大學士張廷玉把一個很強壯的傭人推薦給他。此人辦事既老練又謹慎，時間一長，王士俊逐漸看重他，把他當做心腹。

王士俊任期滿了準備回京城時，這個傭人忽然要求先行回京。王士俊感覺很奇怪，問他為什麼要這樣做。

那人回答：「我是皇上的侍衛，皇上叫我跟著你，你幾年來做官一直沒有什麼大差錯。我想先行一步回京城去稟報皇上，好替你說幾句好話。」

王士俊聽完後嚇壞了，接下來好幾天一想到這件事就兩腿直發抖。幸虧自己沒有虧待過這個人，要是對他有不善之舉，可能這條命就保不住了。

小人物有小人物的優勢，如：便利、隱蔽、靈活等，這些都是大人物所不及。企業領導者在日常管理中要靈活變通，千萬不要只逢迎那些所謂的達官貴人，而要懂得和小人物建立關係。尤其是顯貴身邊的「小人物」，更不可得罪。俗話說：「閻王好見，小鬼難纏。」想要搞定大人物，就先搞定他身邊的小人物吧！

成全小人物就是成全自己

一個好漢三個幫，一個籬笆三個椿。沒有人能只靠自己取得成功。人與人之間的地位當然有所差異，但並不能說明小人物就無能力。善成大事者，總是很重視小人物的力量，因爲他們知道在不久後的某一天，小人物說不定能爲他們提供成大事的機會。

戰國初期，魏國是最強大的國家。當時，魏文侯非常器重品德高尚又具有才幹的人。

有一個人叫做段幹木的人，德才兼備，名望很高，隱居在一條僻靜的小巷裡，不肯出來做官。魏文侯想向他請教治理國家的方法。於是有一天，他便親自坐著車子到段幹木家去拜訪，段幹木卻趕忙翻牆跑了。之後接連幾次去拜訪，段幹木都不肯相見。但是，段幹木越是這樣，魏文侯越是仰慕。

魏文侯的左右對此都有意見：「段幹木也太不識抬舉了。」

魏文侯搖搖頭說：「段幹木先生可是個了不起的人啊，不趨炎附勢，不貪圖富貴，品德高尚，學識淵博。這樣的人，我怎麼能不尊敬呢？」

後來，魏文侯乾脆徒步到段幹木家裡，恭恭敬敬地向段幹木求教。段幹木被他的誠意所感動，替他出了不少好主意。於是魏文侯開口請段幹木做相國，段幹木怎麼也不肯。魏文侯便拜他為師，並且經常去拜望他。

這件事很快就傳開了。人們都知道魏文侯「禮賢下士」，器重人才。於是一些博學多能的人，如政治家翟璜、李悝，軍事家吳起、樂羊等，先後都來投奔魏文侯，幫助他治理國家。尤其是李悝，在魏國實行變法，廢除奴隸制度，使新興的地主階級得以參與國家政權，魏國經濟因此迅速地發展起來，終於成為最強大的諸侯國之一。

一般情況下，處於劣勢的人面子都不夠大，與「大人物」交往時經常心有顧忌，生怕被人瞧不起。這時，身居高位的人言行更要小心謹慎，你的一舉一動說不定都會觸及他人敏感的神經。許多成功的偉人深明此理，對處於下位的人總是格外關照，因此也就格外贏得人心。

為了讓小人物感到自己受重視，有時還必需施展一些手段，把雙方的地位拉平，使小人物臉上有光。

威爾遜當選美國紐澤西州州長之後，有一次在紐約出席一場午餐會。主持人在介紹他時，稱他為「未來的美國總統」。這自然是對他的刻意恭維，可是這句話對其他在座的人來說，卻有些相形見絀之感，眾人臉上都有些掛不住。

威爾遜想扭轉這種一人得意眾人愕然的局面。他起立致詞，在幾句開場白之後說：「我自己感到我在某方面很像一個故事裡的人物。

「有一個人在加拿大喝酒喝過了頭，結果在乘火車時，原該搭乘往北的火車，卻搭乘了往南的火車。同伴們發現了這個情況，急忙打了一封電報給往南開的列車長，請他把名叫詹森的人叫下來，送上往北的火車，因為他喝醉了。

「很快，他們接到列車長的回電：『請詳示詹森的姓，車上有好幾名醉漢，既不知自己的名字，也不知該到哪去。』」

威爾遜最後說：「自然，我知道自己的名字，可是我不能像主持人一樣，知道我的目的地是哪裡。」

聽眾大笑。威爾遜的謙遜，通過一種幽默的方式把自己的身份降低，大家感覺上平起平坐，使眾人在面子上感覺好多了。

無論做人作事，都不可忽視小人物，小人物既能毀掉你，也能成全你。作爲企業的管理者，不管是面對警衛、總機小姐，還是打掃辦公空間的阿姨，都不可小覷，想成就自己，成就企業，就必需學會與小人物相處的藝術，以免錯失了小人物有朝一日協助你成大事的機會。

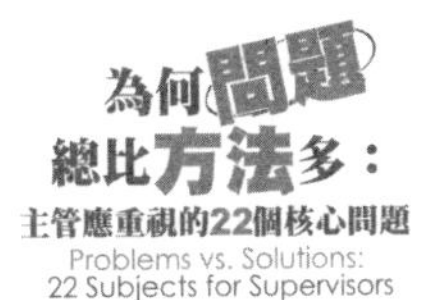

把握住做事動機

每個人的時間和精力都是有限的，只有把有限的時間和精力花在最值得做的事情上，才能做到不被瑣事干擾。尤其對於管理者來說，時間和精力就是企業的寶貴財富。如果管理者把時間精力都花在一些無關緊要的瑣事上，就等於是揮霍企業的財富。所以，作為一個企業的管理者，就必需懂得要優先考慮重要的事情。一旦養成只做重要事情的習慣，就相當於獲得了別人兩倍的生命。而且，做起事情來會事半功倍。

賈伯斯就是這個理念的實踐者。

每一天開始工作之前，賈伯斯都會先問自己：「今天最重要的事情是什麼？」確定了最重要的事情之後，才開始心無旁騖地專心做這件事情，而且一定要做到完美。如果連續幾天都找不到「重要的」事情可做，那一定是某個環節出了問題，需要好好思考了。

將者，軍之魂。蘋果公司的員工工作效率堪稱世界一流，這個特點，很大一部分要歸功於最高領導者賈伯斯的工作效率。賈伯斯在工作時完全秉承「要事第一」的原則。在他的工作日誌上，招聘頂級人才就是最重要的事情之一。他曾宣稱：「人若不是天才，就是笨蛋。我最喜歡的是日本百樂PILOT鋼筆，其他所有鋼筆都是垃圾。除了麥金塔小組的成員，這個行業其他所有人都是笨蛋！員工的才華是公司最大的競爭優勢，為吸收世界上最優秀的人才，我所做的每一件事都是值得的。」

賈伯斯對於人才的高度重視，讓蘋果公司聚集了來自世界各地的頂級人才，令其他公司垂涎三尺。這一點賈伯斯曾自豪地說：「和天才一起工作，是一件非常快樂的事情。蘋果的產品總被視為藝術品，而它們的創造者——蘋果的員工們，也頗有管理藝術家的特質。每個工程師都是天才，都個性十足。」

賈伯斯常常仿效僧侶的修行方式進行靜坐和冥思以排除雜念，賈伯斯從中受益良多，宗教修行的方式成了他精神調節的重要手段。每當賈伯斯感覺心靈失控時，他就透過這種方式來調整自己的心靈，當他找不到設計靈感時，他也會用這種冥思的方法來幫助自己。正因為如此，賈伯斯很清楚自己想要的是什麼，並且能將全部腦力集中在目標上，所以他總是精力充沛，靈感源源不斷。這些有效的精神調節方式，使賈伯斯總是能專注於最重要的事情而不至於分心，所以能夠更好更有效地處理所遭遇到的問題。

「要事第一！」在賈伯斯這樣的管理信念下，蘋果電腦走出了低谷，進入第二春。

企業管理者每天都要面對許多事情，怎麼樣才能區分哪些是「正確且該做的事」呢？效率研究專家艾伊貝・李提供了一些建議：

一、不要想把所有事情都做完。

二、手邊的事情並不一定是最重要的事情。

三、每天晚上寫出你明天必需做的事情，按照事情的重要性排列。

四、第二天先做最重要的事情，不必去顧及其他事。第一件事做完後，再做第二件，以此類推。

五、到了晚上，如果你列出的事情沒有做完也沒關係，因爲你已經把最重要的事情都做完了，剩下不重要的事情可以明天再做。

堅持按照這樣的步驟做事，相信你會有很大的收穫。

用強迫來幫助員工堅持

人都是有惰性的，尤其是普通人，甚至很多人的惰性已經嚴重到了不可救藥的地步而不自知。因此，僅僅靠教育來喚醒這些不可救藥的懶人，無異於癡人說夢。如果不採取一些特殊手段，是不可能讓這樣的人做到「堅持」二字的。

但是，僅靠來自外部的「強迫」手段，如督促、責備、處罰，甚至是謾罵等，都很難真正達到良好的效果。懶人之所以安於現狀，就是因為自尊心和好勝心不強，被逼到受不了，就開始耍無賴，你還是拿他沒辦法。所以，最好的辦法，還是利用「自己強迫自己」的手段，來達成「堅持」的目的。

要別人「自己強迫自己」，說起來好像有點玄，其實在生活中非常常見，不管多懶的人，大部分都還是可以「自己強迫自己」。比如：大部分人早上起床後都會洗臉刷牙；不管多不想起床，鬧鐘一響還是會穿戴整齊去上學或者上班。

「自己強迫自己」的心理動機大概有以下三種：

一、義務。這是一種近似於「常識性法律義務」的潛意識。比如：按時上下班，按時上下學等等，都是出於這樣的意識。

二、從眾心理。大家都在做同一件事，若只有自己不做，會讓人產生極為強烈的被排斥感，這種情緒又會帶來「不安全感」與「不踏實感」等更為嚴重的情緒。出於對這些不良情緒的強烈厭惡與抵制，即便是不想做也不得不做。

三、習慣。不管出於哪一種原因，一件事情只要做了一段時間之後就會養成習慣，而任何能夠養成習慣的事情，心裡喜不喜歡已經不重要了，堅持下去是因為一種慣性。

瞭解了「自我強迫」的生成原因，我們就能夠將這些原理運用到實際管理工作當中。

很多公司都有很多大大小小的制度，但其中多少規定能夠得到落實呢？比如「按時上下班」這一條，即便你不把它寫入制度，也能夠得到絕大多數員工的執行。關鍵就在於這些制度是不是多數人同意的「常識」。很多制度不可謂不好，但是難以稱得上是「常識」，所以就很難獲得員工的落實；相反地，很多制度即便不怎麼重要，但因爲多數人都有同樣的「常識」，因此反而能夠得到較好的執行。

在執行力強、管理井然有序的企業當中，真正有效的管理手段和制度往往並不一定會有多高明，它們之所以能夠發生巨大的作用，就在於這些企業善於把管理手段和制度變爲員工心目中的一種「常識」。

而要做到讓這些管理手段和制度達到「常識」的地步，就需要利用「外在強迫」的力量，通過「外在強迫」幫助員工達成「自我強迫」。具體操作方法是，在制度執行前期持續地宣傳和督促，一對一地指導，讓員工先養成習慣，漸漸地幫助員工形成「常識」。這個過程很重要，絕對容不得半點鬆懈。

成功的關鍵點在於：一要亦步亦趨，不要寄望員工能夠自覺；二要持續執行，任何一項新制度，只要員工還沒達到養成習慣的程度，就絕對不能鬆卸。當大部分員工都已經養成了習慣後，就可以相對輕鬆地利用「從眾心理」了。管理者可以善意地激發那些還沒有做到，或者做得不是很好的員工，適當地剝奪他們的安全感，來促使他們想要「擺脫孤立」，從而快速迎頭趕上。

但是，在實際的操作當中，很多企業之所以做得不好，主要是因爲他們不能夠把握好「外部強迫」和「自我強迫」之間的敏感神經，所以常常導致「一抓就死，一放就亂」的局面。很多事情雖然經常重複地監督，但總是忙了半天，事情還處在原地踏步的階段。幾種典型的表現是：

一、做事情老是虎頭蛇尾。開始時勁道十足，大家都一副忙碌的樣子。但是總會在員工真正養成習慣以前就洩了氣。上級稍微鬆懈一點，員工更樂得輕鬆，很多事情辛辛苦苦努力好幾個月，卻在一夜之間就被打回原形。等到管理者發現不對勁之後，只能從頭再來一遍，從來沒有一次就真正做到位。

二、雖能堅持到底，但因為繃得太緊，導致員工怨聲載道。這時管理者一看到這種情形，便開始擔心會出亂子，心想：還是人員穩定重要啊！因此便趕緊鬆綁，而且往往一鬆就一瀉千里了。等管理者終於回過神來，卻發現局面已經到了一塌糊塗、不可收拾的程度。

當然，也還會有其他的一些表現形式，劇情都是大同小異。所以，管理者如果真的希望管理手段能夠得到效果，就一定要很好地處理「自我強迫」與「外部強迫」之間的各種要素，完美地把握好其中的分寸。

給新員工歸屬感

對於很多小公司來說，由於員工相對較少，每一名員工的工作都至關重要。尤其人數較少的小型公司老闆，對於新加入的員工更要倍加親切，讓他們體會到公司如同一家人般的溫暖，還有每個人角色都不可或缺的重要性，讓員工們找到歸屬感。老闆要做的，是像長輩教導自己的孩子一樣，給予引導和講解，而不應像上司訓教下屬。

儘管許多舊員工都能認識到新員工的重要性，但仍會有意無意地出些難題。這樣的排外心理，就算在自然界中也十分普遍。比如群居的動物很少願意接受外來的同類，因爲食物和水的數量有限，接受新成員就意味著自己分得的機會更少。同理，舊員工對新員工之所以會產生排斥感，也是可以理解的。

小公司老闆面對這種情況，最明智的方法就是趕快行動，引導並鼓勵舊員工們努力接納新手，並且要讓新員工清楚地感覺到被接納。因此，小公司老闆必需要清楚瞭解新員工初來乍到會遇到哪些問題：

一、冷落

常常可以看到一大群舊員工在一起聊天喝茶，卻沒有一個人去和默默工作的新員工說話。會出現這種情況，不管新舊員工雙方都有責任。但作爲老闆或主管人員，顯然應該想得更周到一些。處理這種情況最簡單有效的方法，就是由老闆本人，或派遣一位信任的員工一直陪伴他，幫助他迅速融入新環境。你可以在聊天時以詢問的方式把他引入團體，也可以在他獨自享用午餐的時候坐在他身邊，還可以在他遇到不熟悉的主管時主動替他介紹。總之千萬不要把他晾在一邊。

二、環境陌生帶來的尷尬

新來的員工可能會由於緊張而忽視老闆所分派任務的注意事項，但他們絕對會仔細聆聽與生活息息相關的瑣碎小事。比如：洗手間和餐廳的位置，交通車的發車時間和停靠站。這些基本情況都應該有人負責講解給他們聽。

三、各種成文和不成文的規定

前者比較容易解決，一般的公司都有員工手冊或是貼有此類事項的佈告欄，只需安排一位資深員工再把重要的部分解釋給新員工聽就可以了。比較麻煩的是不成文的規定，每個辦公室都有自己獨特的規定，而且這些不成文的規定總是隨著時間在不斷地變化，比如因爲主管的更替，員工們不得不把工作時喝茶的習慣改掉，或者換成咖啡等等。總之，都是一些很難用語言表達出來的條文，尤其當舊員工們已經十分熟悉，並視之爲正常生活的一部分時。

剛剛加入的新成員，務必明白這些規矩，否則往後的許多矛盾衝突都將來自這些看似微不足道的小事上。老闆或部門領導者的工作，就是儘量讓這些規矩口語化。另外還應該注意到一些細節，比如：打電話、私人交談、吃午飯、個人衛生，以及開玩笑等等，這些都需要安排一個人將最接近的答案直接交代給新員工。

四、故意刁難

所有老闆都不希望出現這種情況。但有時個別員工的表現實在出人意料。這個時候老闆的行動十分關鍵，顯得過分關注和過分冷漠都不明智，太激烈的舉動很可能令你兩面不討好。

「刁難」從某種意義上來說，就像是給新來者的見面禮。這些現象都反映了在群體中較資深的人無形中享受了某種特權，只有開得起玩笑，承認這種特權的新員工才會獲得團體的接納。而那些稍微受一點委屈就跑去找主管哭訴的員工，即便老闆自己都不喜歡，旁人當然更不願意幫助他迅速融入公司，他們當然也會受到別人的排斥。

身爲公司的老闆，首先要做的就是不直接介入衝突，更不要擺出一副救世主的樣子，一看到新員工被刁難就立即出面制止。而是應該相信新員工能明白開玩笑的意義，相信他們有胸襟、有能力自己應付，然後借此機會與其他人打成一片。如果新員工不諳人情世故，認爲這是遭受攻擊而向你訴苦，你應該真誠的和他談一談，幫助他做好充分的心理準備，使他意識到有些事不過是玩笑而已，暗示他正確的處理方式。你可以用講笑話的方式向他講述你第一次進入公司遇到的問題，告訴他你是如何闖過這一關的，或者輕鬆的向他介紹辦公室內每個人的特點，讓新員工更進一步瞭解他們的脾氣秉性等等。以上這些都不失爲好辦法。

相信如果老闆能將上述這幾點做好，新員工一定能夠迅速融入大家庭。

該如何對待新世代的員工

新世代的新人類們沒有那麼多的兄弟姐妹，生活多半優渥，而他們的父母又比以往任何一個世代都要忙碌，因此他們心裡最渴望的是關懷。新世代人類們動不動就想跳槽，往往就是感到自己在企業裡不受重視，這和缺少關懷也有很大關係。

對於新世代的員工們，只是發個獎狀或者給個紅包不一定就能滿足他們，而應該換個方式去表現。比如某個銷售部業務酷愛收藏公仔，於是主管花了六百元爲他找來一個他一直集不到的漫畫公仔，作爲當周銷售業績冠軍的獎勵。這種獎勵對他來說，比發給他一千元紅包還高興。

新人類們不再像「前輩」們一樣，把企業當成自己的家。在他們看來，企業不過是他們實現自我價值的跳板。因此企業管理者要持續不斷的提供目標和晉升管道，讓他們知道只要努力，就可以不斷提升自己。一旦他們覺得工作很有成就感，就會認爲這裡更適合自己。

「缺乏深度的溝通」，是管理者經常犯的錯誤，特別是對新世代的員工。他們對工作和公司都有很多想法，其中負面、消極的想法，一般都不會主動說出來，這時就需要管理者們主動聆聽，動之以情、曉之以理地去引導。

新世代員工承受的工作和社會壓力，與前一個世代大不相同，大部分人也都積極的想突破，但前輩們卻總是指責他們抗壓性差。因此，企業管理者有必要協助他們做好降壓管理：要關懷他們、理解他們，並包容他們，對他們有耐心。對待舊員工的方法，很多時候在他們身上並不適用。因爲不同年代的人，所能夠接受的領導和管理方式是不一樣的。許多新世代員工抱怨上司不能正確看待自己的工作態度，這主要是因爲沒有做到因人而異、與時俱進的管理理念。

新人類們本身就是一個充滿矛盾的群體。在某些方面他們很先進，比

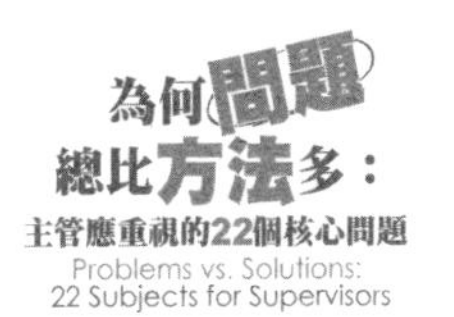

如：他們的資訊來源廣泛、自信、創新；但在另外一方面，他們承受工作壓力的能力的確相對較弱，而且對工作的期望值很高。這也加劇了新世代員工的跳槽欲望。

公司裡一旦出現能力出眾，對舊有員工地位造成威脅的新員工時，資深員工們往往就會團結在一起打壓新員工。這種人爲製造的「瓶頸」，往往就限制了新員工的發展，導致新員工在鬱悶之下拂袖而去。

強尼就是新新人類的職場代表，他靠著自己的努力搶下許多訂單，能力也得到了公司上下的一致認可。

就在強尼信心滿滿地以為自己一定可以升任部門主管時，公司突然空降了一位經理在他頭上，這位「空降主管」是總裁辦公室所推薦的蘿依。

剛開始，強尼當然是真心接納這位上司的。不過一段時間之後，強尼發現這位上司每天的主要工作就是玩手機。有業績的時候，前面總是掛著蘿依的名字；出現失誤的時候，蘿依卻推得一乾二淨。不僅如此，兩人的薪酬差距還非常大，辛苦做事的強尼只有每天負責玩遊戲的蘿依的一半，這讓強尼更是失落。

一年後，強尼感覺到自己在公司內已經沒有發展空間了，心灰意冷地跳槽到競爭對手公司，而他留下的空缺過了半年都沒有找到合適的人選遞補。

強尼在向公司提出離職後，甚至連程序上的離職面談都不願參與，收拾完桌面就頭也不回地離開了努力長達三年的公司，沒有和同事告別，更沒跟直屬上司說一句話。

在新舊員工的衝突中，新員工往往處於非常不利的境地。他們雖然能力出眾並且受到高層的信任，但由於在公司內部缺乏基礎，而且服務時間不長，他們的忠誠度也極容易受到質疑。舊員工們本來就形成了一個利益共同體，此時一旦新員工的能力超群，足以構成威脅時，他們自然而然就會聯合起來打壓新員工。而新員工在這種時候往往疲於應付，也沒有人願意幫忙，最後只好自己走人。

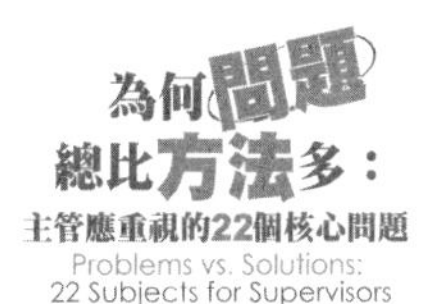

如果對職場工作者來說，薪酬差異、辦公室衝突、搞小動作、搶功勞、推卸責任等，都還可以忍受的話，職涯中的「發展瓶頸」，常常是新世代們最容易認定爲必需離職的動力。對新世代員工們來說，由於年輕、有活力、有激情、機會多，他們的追求與企業內的舊員工們往往有較大的差異。舊員工更趨於求穩，只要利益不被觸犯就行。而新世代新員工對職業發展的期望更高，他們渴望能夠突破自己，喜歡嚐新，願意接受變化……這與舊員工保護既得利益的訴求剛好是逆向而行的。

這種人爲製造的「瓶頸」對新世代員工來說是不公平的。如何維持兩個世代間的平衡，就在管理者的一念之間。

屬於新世代的企業氛圍

企業氛圍對管理效果的重要性早已不言而喻了，面對新人類們，企業更是要重視氛圍。要試圖在企業內部營造一種與新世代訴求相匹配的管理氛圍，只有這樣，才能激發新世代的潛能和創造力，達到新世代為企業所用的目標。

工作氛圍分兩種，一種是環境氛圍，一種是人文氛圍。環境氛圍是指經由辦公空間的設計所營造的感受，人文氛圍則是指團隊成員間言行舉止的影響，這兩者相加，可以讓員工的能力發生不同的變化。

網路上流傳過谷歌公司總部辦公室的照片，那裡看起來簡直就像一個渡假村，有撞球桌、自助飲料吧、理髮廳、按摩室、游泳池、員工子女專屬的安親班，在工作區還有舒適的躺椅、靈感塗鴉牆、各種各樣的健身器材和玩具等

等。這樣的環境非常符合谷歌崇尚自由和創新的企業文化。當員工在嚼著巧克力享受按摩的時候，靈感很容易爭相找上門來。這並不是鼓勵所有企業都要學谷歌，而是建議企業主在辦公室氛圍上投入努力，做出符合企業所屬的獨特風格。同時引導員工們的行爲，營造出溫暖的人文氛圍。

尊重是所有人的心理需求。新世代員工更是脆弱又敏感的一代，他們做事張揚，急著想贏得上司的尊重。因此，管理者要盡可能地提供他們寬鬆、獨立、自由、開放的工作環境，以體現對他們的尊重。比如讓他們獨立去開發一個市場，整個過程中只給予指導而非命令；對於新世代員工的每一點進步，都給予及時地表揚和肯定；即使犯錯，也要採用委婉的說法，「關起門」來批評。同時，作爲企業管理者，還要願意爲他們成長過程中的錯誤買單，這樣才能夠讓他們快速地成長。只要能夠培養出專才，企業所得能到的回報，比起承擔錯誤那一點風險，實在是微不足道。

管理者想真正留住人才，和員工們在一起時，不要只是單純的上下級和工作關係。在工作之外還要有關懷，也可以在工作之餘共同娛樂。總之，管理者要明白，只有把員工當成家庭成員一般對待，與他們打成一片才能實現成功的管理。而與員工打成一片最簡單的方法就是實現平等管理。

在管理中所謂的平等，不僅是指老闆和管理者之間一視同仁，使員工們在同等的條件下工作，也包括了和員工之間都是平等的。對員工的尊重和信任是企業管理的核心內容，其中最重要的一點，就是平等。

總之，對於新世代員工，老闆一定要做到足夠的關懷與支持，並設身處地的給予體諒，從他們的視角去思考問題。更重要的是要切忌厚此薄彼，新舊員工應一視同仁。

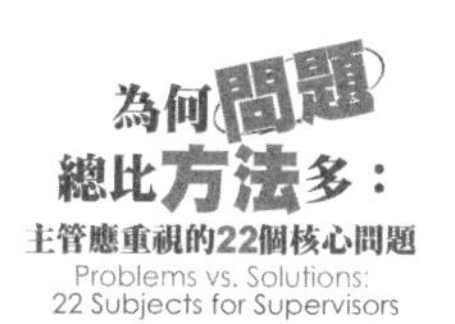

水至清則無魚

古語說：「水至清則無魚，人至察則無徒。」意思是說在與人相處的時候不要用放大鏡看人的缺點，如果過分地追求完美，不斷指責他人的過錯，就會失去朋友和合作夥伴。

歷史上，懂得寬容的人多是會做事的人。這樣的例子幾乎不勝枚舉。

春秋五霸之一的楚莊王有一次宴請群臣，要大家不分君臣，盡興飲酒作樂。正當大家玩興正濃時，一陣風吹來，燈火熄滅，全場一片漆黑。

這時，有人乘機調戲楚莊王的愛姬，愛姬十分機智，扯下了這個人的冠纓，並告訴楚莊王：「請大王把燈火點燃。只要看清誰的冠纓斷了，就可以證明誰是調戲我的人。」

群臣亂成一片，以為定會有人喪命。可是，楚莊王卻宣佈：「請大家在燈火點燃之前扯下自己的冠纓，誰不扯斷冠纓，誰就要受罰。」

當燈火再度燃起時，群臣都已經拔去了冠纓。自然沒有證據證明是誰調戲楚莊王的愛姬了。大家都舒了一口氣，繼續高興地喝起酒起來。

兩年以後，晉軍進攻楚。部隊中一名將軍勇往直前，殺敵無數，立了大功。楚莊王召見他：「這次打仗，多虧了你奮勇殺敵，才能打敗晉軍。」

這位將領淚流滿面地說：「臣就是兩年前在酒宴中調戲過大王愛姬的人，當時大王願意寬容臣的過錯，還替臣解圍，臣感激不盡。從那以後，臣就決心效忠大王，等待機會為大王效命。」

任何一個想成就事業的人，在與他人交往的時候，都應該將眼光放遠，胸襟博大。要做到這一點，就必需克己忍讓，寬容待人。如果都像《三國演義》中的周瑜那樣心胸狹窄，總是產生「既生瑜，何生亮」的想法，又如何能與人合作呢？

在這方面，被人們稱爲「亂世梟雄」的曹操堪稱典範。曹操不僅能夠與身邊的人合作，甚至還能不計前嫌、化敵爲友。

西元二〇〇年，曹操的死對頭袁紹發表了討伐曹操的檄文。在檄文中，曹操的祖宗三代都被罵得狗血淋頭。

曹操看了檄文之後問身邊的人：「檄文是誰寫的？」身邊的人以為曹操一定會大發雷霆，就戰戰兢兢地說：「聽說檄文出自陳琳之手。」

沒想到曹操連聲稱讚道：「陳琳這小子文章寫得真不賴，罵得痛快。」

官渡之戰後，陳琳落入曹操之手。陳琳心想：「當初我把曹操的祖宗都罵光了，這下子非死不可了。」

然而曹操不僅沒有殺陳琳，還委任他做了自己的文書。曹操還與陳琳開玩笑說：「你的文筆的確不錯，可是你在檄文中罵我本人就可以了，為什麼還要罵我的父親和祖父呢？」

陳琳深受感動，後來為曹操出了不少好主意，使曹操頗為受益。

曹操與張繡的合作也是一個令後人們欽佩的故事。

《三國演義》中提及，張繡是曹操的死敵。曹操的兒子和侄子都死於張繡之手，兩人之間有著深仇大恨。但是在官渡之戰前，為了打敗袁紹，曹操想起了張繡獨特的指揮能力，主動放下過去的恩恩怨怨，與張繡聯手，並封張繡為揚威大將軍。

他對張繡說：「有小過失，勿記於心。」張繡後來在官渡之戰和討伐袁譚的戰役中，果然十分賣力。

官渡之戰結束後，曹操開始清點戰利品，發現了大批書信，都是曹營中的人寫給袁紹的。有的人在信中吹捧袁紹，有的人表示要投靠袁紹。曹操的親信們建議把這些人抓來統統殺掉。可是曹操說：「當時袁紹那麼強大，我尚且不能自保，更何況眾人呢？他們的做法是可以理解的。」

於是，他下令將這些書信全部燒掉，不再追究。那些曾經暗通袁紹的人聽說了，很為曹操的寬宏大量所感動了，對曹操更加忠心。有識之士聽說了這件事，也紛紛來投靠曹操。

人非聖賢，孰能無過？有道德修養的人並非從不犯錯誤，而在於有過能改，不再犯同樣的錯。《尚書・伊訓》中有「與人不求備，檢身若不及」的話，意思是對別人不要求完美無缺，檢點自身卻總像不夠似的。要求別人怎麼去做的時候，應該首先問一下自己能否做到。嚴以律己，寬以待人，才能團結眾人，共同做好工作。一味地苛求，就什麼事情也辦不好。

齊國的孟嘗君是戰國四公子之一，以養士和賢達聞名。他的門客多達三千人，只要有一技之長，就可投其門下，他一視同仁，不分貴賤。

有一次，孟嘗君的門客與孟嘗君的小妾私通。有人看不下去，就把這件事告訴了孟嘗君：「作為您的手下親信，卻背地裡與您的小妾私通，這太不夠義氣了，請您把他殺掉。」

孟嘗君說：「看到相貌漂亮的就喜歡，是人之常情。這件事先放在一邊，不要說了。」

一年之後，孟嘗君召見那個與小妾私通的門客，對他說：「你在我這裡待很久了，大官沒得到，小官你又不想做。衛國的君王和我是好朋友，我替你準備了車馬、皮裘和衣帛，希望你帶著這些禮物去衛國，與衛國國君打打關係吧。」結果，這個人到了衛國並受到了重用。

後來齊衛兩國因故斷交，衛君很想聯合各諸侯一起進攻齊國。那位曾經與孟嘗君小妾私通的人對衛君說：「孟嘗君不知道我是個沒有出息的人，竟把我推薦給您。我聽說齊、衛的先王，曾殺馬宰羊，進行盟誓說：『齊、衛兩國後代不要相互攻打，如有相互攻打者，其命運就和牛羊一樣。』如今您聯合諸侯之兵進攻齊國，就是違背了先王的盟約。希望您放棄進攻齊國的打算。您如果聽從我的勸告就罷了，如果不聽我的勸告，即使像我這麼沒出息的人，也會

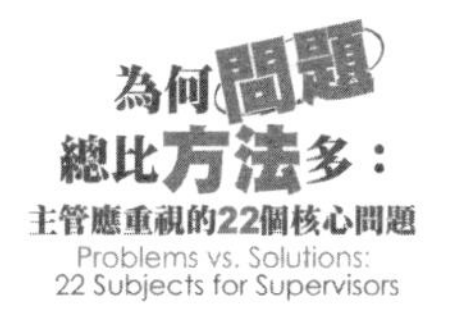

用我的熱血灑濺您的衣襟。」衛君在他的勸說和威脅下，終於放棄了進攻齊國的打算。

齊國人聽說這件事後說：「孟嘗君真是善於處事、轉禍為福的人啊。」

待人接物，不能對人過於苛求，對別人過於苛求，往往使自己跟別人合不來。整個社會是由各式各樣的人所組成，有講道理的，也有不講道理的；有懂事的，也有不懂事的；有修養深的，也有修養淺的，我們總不能要求別人講話辦事都符合自己的標準。

對於管理者來說，賞罰分明是永遠不變的宗旨。但要掌握好平衡和分寸，並不是員工不管犯什麼錯、每次犯錯都要罰。只知道按照規章制度管理公司的人，不會是一個好的管理者。

讓員工「安心犯錯」

人非聖賢，孰能無過。不管是老闆、管理者還是員工，誰都無法避免犯錯，每個人都是在不斷犯錯中成長的。身爲管理者，如果自己犯錯時「馬虎而過」，員工犯錯時「錙銖必較」，很容易傷了員工的心，讓他們做事時瞻前顧後，放不開手腳。

而且一般來說，業績出色的員工往往容易受到管理者的偏愛，而那些有過失敗記錄的員工，多少會在管理者心中留下一些偏見。管理人員若有這種心態，對企業人際關係而言非常有害，最終會導致兩極分化：員工之間產生對立情緒，組織內部出現對立的小團體。而領導者就是造成這個局面的關鍵人物。

員工取得業績，是企業的喜事，也是值得驕傲的。這種驕傲一定要立足

於企業這個大家庭的基礎之上，而不能滋生個人偏好和憎惡情緒。

員工的成績，絕不能成爲他賺取私人感情的資本。管理者偏愛某個員工，雖然可以給他很大的信心與繼續挑戰工作的勇氣，但隨之而來還有更多可以營造工作業績的機會，管理者需要明白的是，企業是屬於全體成員的，每個人都應該享受同等的權利與待遇。

管理者偏愛某個員工，會讓其他的員工爲你們的親密關係不知所措，一段時間之後，大家就會開始和管理者以及那位獲得偏愛的員工距離漸行漸遠。由於待遇不平等（至少其他員工們是這樣認爲），使企業內的氛圍顯得緊張，大家開始按照主管的偏好選邊站，以加強個人勢力。結果，最糟糕的事情發生了：企業四分五裂，內部充滿解不開的「死結」。

管理者對業績不好或曾經犯錯的員工充滿偏見，或是對某些員工偏愛，都會造成企業人際關係和諧和發展的傷害。

錯誤固然是不可原諒的，但管理者絕對不能就此下定論，認爲這位可憐的員工「只會犯錯」。犯了錯誤的員工通常都有自知之明，他們在檢討的同時，自己也是懊惱不已。管理者若是就此將他們打入冷宮，不僅使得他們信心又一次遭受打擊，並對企業管理者個人產生極強的敵對情緒，這顯然會爲企業安定團結種下巨大的潛在危險。

管理者必需消除心中的成見，別讓那幾次失敗的經歷縈繞在腦海中，否則只會使管理者總是懷疑別人改過自新、從失敗中檢討的能力。坐下來，與他們懇談，協助他們找出錯誤的原因，恢復他們的自信。管理者要在語言中充分表示出信賴，只要員工們走出消極情緒，一樣能爲企業作出貢獻，況且失敗的經歷總是孕育著成功的希望。

作爲一個管理人員，應該懂得員工個人的成敗是企業榮辱的一部分。管理者的任務是不斷地充實集體的力量，而不是人爲地製造分裂。管理者應該給予員工犯錯的權力，讓他們做事時不戰戰兢兢，可以「安心」犯錯。

小錯誤大處理，大錯誤小處理

在企業管理中，有兩種管理方式要不得：一是不找員工的錯誤；二是只知道處理員工的錯誤。在員工錯誤的處理方式上，對於管理者來說，還真是一個難題。如果掌握不好，很有可能引來員工的不滿和反感，讓管理陷入困境。

所以，面對員工的錯誤，要想好最妥善的方式再處理。有一種方式就很好，那就是「小錯誤大處理，大錯誤小處理」。「小錯誤大處理」意思是對待員工的錯誤絕不姑息；「大錯誤小處理」意思是對待員工的錯誤要適當原諒和寬恕。二者之間並不矛盾，而是互相依附。這才是正確高明的管理方法。

管理者們總是喜歡對員工說：「你們要儘量少犯錯誤，要避免犯更大的錯誤。」管理者的初衷也許是好的，希望員工能夠用心工作，細心做事，少出紕漏。然而隨著管理者的要求提高，慢慢就變成了員工只能少犯錯誤，犯了大錯誤就要受到懲罰，不可饒恕。因此，企業中有一些員工，就會因爲懼怕犯錯對自己的工作產生影響，就寧可無功勞也不要犯錯誤。碰到需要創新的專案，他就會躲得遠遠的好保全自己。這種「混日子」的工作態度讓管理者和員工毫無精神，整個企業都跟著混起日子來。而管理者也拿這些員工沒轍，因爲他們從不犯大錯。

所以，所謂「小錯可恕，大罪不饒」的管理理念，其實是有很大問題的，像這樣在對員工懲罰時卯足了勁，可是該對員工寬容時卻又極其吝嗇。這麼不合理的理念，當然需要調整。

所謂「小錯可恕」的管理理念，實際上等於是姑息員工。頻繁的姑息最終會導致員工的大錯誤，而管理者也會因爲頻繁的饒恕，顯得太過寬容，員工又怎麼可能變好呢?會犯下「大錯誤」的人，多半都是企業裡面敢於創新、不拘一格的員工，對於這樣的人過份嚴厲的處罰，就會磨掉他們的銳氣，讓他們逐漸變得畏畏縮縮，這樣一來企業又怎麼能夠得到新氣象？一個管理者，難道要讓一些「小錯不斷，大錯不犯」的員工過著舒舒服服的、從不敢擔當重任、混日子的生活；而讓那些「大錯敢犯」的員工，背著嚴厲的謾罵過著壓抑的日子嗎？答案當然是否定的，管理者當然不會鼓勵「小錯不斷，大錯不犯」的員工儘量別負責任，也不會讓「大錯敢犯」的員工喪失創新能力，消極怠工。

事實是，「小錯天天犯」的人遲早有天會釀成「大錯」，因爲「量變」最終必然會導致「質變」，誰都躲不了。

有著百年歷史的易利信，曾經與諾基亞、摩托羅拉稱霸全球行動通訊業。然而自一九九八年起的三年裡，全球行動電話業務暴漲，易利信的行動電話市佔率卻從百分之十八迅速降至百分之五。易利信不但退出了銷售前三名排行榜，而且還排在了三星、菲利浦之後。

二〇〇一年時，大家都說易利信售後服務如何如何不好。當時易利信對需要售後服務的顧客態度冷淡，這本來應該只是服務態度上的「小錯誤」。但幾乎所有媒體都注意到易利信的售後服務問題，可是主管單位卻從沒有採取正確的方式對待。

市場向來都不是寬容的，易利信連申訴的都沒有，消費者就無情地疏遠了它。

管理者對於「大錯不斷」的人適當地寬恕，會爲企業帶來意外效益。

美國通用電氣公司的部門經理，由於在一筆生意中判斷錯誤，使公司損失了幾百萬美元。公司上下都認為這個經理肯定會被炒魷魚，這位經理也做好了準備。當他去見總裁檢討錯誤並要求辭職時，傑克·韋爾奇卻平淡地說：「開除了你，這幾百萬學費不就白交了。」

此後，這位經理接連為公司創造了更多巨大的經濟效益。

按理說，這位經理造成了這麼大的損失，就算被開除也不爲過，至少某些管理者一定會大加訓斥一頓。然而傑克·韋爾奇卻大度地原諒了他，這樣對

「大錯誤」的寬恕，無疑是對員工的「饋贈」。這位部門經理很是感恩，於是就努力爲企業帶更大的經濟效益以爲贖罪。

所以，「小錯誤大處理」和「大錯誤小處理」是管理者們一定要學會的決策。

讓某些錯誤先晾著

莎士比亞在《理查三世》中說過：「因爲容忍禍根亂源而不加糾正，危險已是無可避免。」因此，當一個人犯錯，就要得到糾正，不然會鑄成大錯。管理者處理員工錯誤的方式，也應該是如此。錯誤是當然要處理的，但技巧得掌握好。

一位名人說：「不當地糾正別人的錯誤，比猛烈的謾罵更令人氣憤。因爲謾罵可以被認爲是有偏見和敵意；而不當地糾正別人錯誤，卻是一種強迫，是往別人的傷口上撒鹽，比偏見和敵意更要不得。」

所以，管理者不能不處理員工的錯誤，也不能亂處理員工錯誤。那麼，就在確定如何處理錯誤之前，就讓錯誤先晾著吧。

卡耐基提到這個問題時，告訴人們他如何用延期處理法，來處理他侄女的錯誤。

「我的侄女約瑟芬‧卡耐基來到紐約做我的秘書那年，她才十九歲。從中學畢業三年，工作經驗等於零。但到了現在，她大概是西方國家最熟練的秘書之一。在一開始時，只能說她是可以培養的。

「一天，當我正要罵她時，我對自己說：『稍等一下，戴爾‧卡耐基。你在年齡上比約瑟芬大兩倍，在工作經驗上多一萬倍，你怎麼能期望她具有你的觀念、你的判斷力、你的機動性，儘管這也只能算是基本能力？再稍等一下，戴爾，你在十九歲時是怎麼做事的？記得你犯下哪些愚蠢的錯誤、做過什麼傻事吧？』思考一番後，我得出結論：約瑟芬的工作成績也沒有太差嘛，我要想一下，想好了再去指出她的錯誤。

「因此，每當我想讓約瑟芬注意錯誤時，我常常先等一陣子，然後給再說：『你出了個錯誤，約瑟芬，不過這錯誤並不嚴重，你也許只要稍微改正一下就可以了』」

約瑟芬覺得卡耐基竟記得把過去的錯誤告訴她，這是在關心她，便欣然地接受了意見，自己主動改正了錯誤。

卡耐基最後說：「如果我讓她改正錯誤的時機，正好選在她剛犯完錯時，她很可能覺得我在針對她，會覺得逆耳。那我就先把錯誤擱置一會兒，等她感到愧疚時再提起來，就可以很愉快的讓她改正錯誤。」

著名企業家玫琳凱，在《談人的管理》一書中寫道：「只在意你是否即時點出別人的錯誤是不對的，應該要讓犯錯誤的人先有自己對錯誤的思考，過一段時間後，別人也許只需輕聲地提醒，就可以改正了。這也是我嚴格遵守的原則。不管對方犯什麼樣的錯誤，都必需等對方思考一會兒，直到時機成熟，再指出錯誤之處，這樣對方也會很容易接受。」

管理者應該清楚，在員工犯錯當下去指出錯誤，員工一般很難接受。並不是他不願承認，而是他對自己的錯誤根本還沒有完全意識到。等到他慢慢發現錯誤而感到愧疚時，管理者再稍加指正，員工就會輕鬆地接受並且改正。

心理學研究指出，接受別人指正最主要的心理障礙，是擔心別人的批評會傷害自己的面子，損害自己的利益。爲此，在指正錯誤前要讓他先打消這層顧慮，才能更容易讓人接受。而最好的方法就是先讓他的錯誤晾一會兒，在他已經反省過的基礎上，再對他進行適當的指正。

美國內戰期間，約瑟夫‧胡克是一個英勇的戰士，但他在伯恩賽德將軍指揮兵團時，放任自己的雄心，盡自己所能地阻撓他。他對於軍事的統治理念，甚至有點獨裁。林肯總統對這樣一位將軍，當然得慎重，因為弄不好就會導致兵亂，對國家無疑是一大災難。於是他決定等待，讓約瑟夫‧胡克的錯誤先晾著。

直到約瑟夫‧胡克和伯恩賽德將軍之間發生衝突，甚至兵戎相見時，林肯出手了。因為約瑟夫‧胡克到了這個時候，早已經明白自己錯在哪裡，只是礙於身份一直羞於妥協。這時候林肯總統的一封信讓他沒有隱憂，與伯恩賽德將軍在一次宴會上握手言好。

林肯總統在信中只是道出了他的錯誤，並要約瑟夫・胡克適當地改一下性格的衝動，做一名好將軍。

林肯總統在約瑟夫・胡克犯錯時選擇先晾一會兒，讓他在錯誤擴大，並且自己已經有所反省之後再去指出來，使這位魯莽的將軍容易接受。而一般企業員工可比約瑟夫・胡克要好管理得多，如果管理者也將員工所犯的錯誤晾一會兒，員工一定能夠比約瑟夫・胡克做得更好。

及時處理某些錯誤

俄國文學家車爾尼雪夫斯基曾經說過：「有些錯誤不及時改正，會毀掉一個成功的人。」

員工所犯的錯誤如果得不到及時的提醒，也會毀掉一個好員工。身爲管理者，一定要在適當的時候對員工的錯誤及時處理，讓員工變得更成熟，團隊也會跟著成功。

一九九九年，美國第一大零售商凱瑪特開始出現走下坡的跡象，有一個故事廣爲流傳：

在一九九〇年凱瑪特的會議上，一位員工認為自己犯了一個錯誤，他向坐在身邊的經理請示如何更正。這位經理並沒有處理，而是漫不經心地打馬虎眼。他又向更上級請示錯誤的更正方法，而上司的上司也是毫不在乎，於是他又向總經理尋求方法，而此時這位員工意識到錯誤早已經擴大，很難挽回了。原本只是一個小小的問題，一直請示到總經理階層都沒有得到回應，終於慢慢變成了大問題。凱瑪特前總經理後來回憶說：「真是可笑，沒有人能夠積極地將錯誤改正，而是到為時已晚無法解決的地步，才將問題推到最高領導者身上。」

二〇〇二年一月二十二日，凱瑪特正式申請破產保護。

有些員工會意識到錯誤，並努力找管理者幫忙改正，但有些員工卻根本沒有把自己的錯誤放在心上，或者根本不覺得自己有錯，這時候管理者萬萬不可視而不見。當員工的錯誤發展到無法補救的地步時，管理者也只能束手無策了。與其這樣，還不如在員工的錯誤還未釀成更大的錯誤時立刻處理。甚至在員工出現犯下大錯誤的前兆時，就應該指正他。

在企業的發展過程中，員工總是會不可避免地犯下各種錯誤。出現錯誤很正常，但如果錯誤不及時改正，積少成多，星星之火很快就會燒掉整片森林。

巴西海順遠洋運輸公司就發生過一個悲劇：

海順遠洋運輸公司有一艘大貨輪航行在平靜的海面上。大副德曼看到水手理查手裡拿了一個檯燈，燈的底座很輕，船晃的時候它很容易倒下來，因為當下正忙，打算過一會再去告訴他。二副庫克發現救生筏釋放器有問題，就將救生筏綁在架子上。水手戴維斯執行離港檢查時，發現水手區的閉門器損壞，便找了條鐵絲將門綁牢。管輪特爾檢查消防設施時，發現水手區的消防栓銹蝕，但是因為已經快要到碼頭了，就沒有馬上換掉。船長麥開姆起航時工作繁忙，沒有仔細閱讀甲板部和輪機部的安全檢查報告。機匠丹尼爾發現理查和蘇勒的房間消防探頭連續警報。他和瓦爾特進去後，未發現火苗，判定為誤報，便拆掉消防偵測器交給斯特曼，要求換新的。大管輪斯特曼回說很忙，等會兒再拿過來換。服務生斯科理下午到理查的房間找他，但他不在，坐下來等他時順手開了檯燈。機電長科恩接著發現跳電了，因為以前也出現過這種情況，便沒有多想，直接將電閘扳回去，沒有細究原因。三管輪覺得空氣很差，先打電話到廚房，確定沒有問題後，又請機艙打開通風閥。管事泰斯召集所有不在崗位的人到廚房做晚飯。

單獨觀察每個船員的行為，似乎簡單又尋常。可是若干個小錯誤發生後，安全部長尼爾一直沒有及時去處理，要求船員們更正錯誤，最終釀成了一場悲劇。

他在懺悔錄中寫道：「傍晚發現火災時，理查和蘇勒的房間已經燒光了，我們沒有辦法控制火勢。而且火越來越大，直到整條船上都是火，我們每個人都犯了一點錯誤，最後釀成了船毀人亡的大錯，這些船員只要有一個人不要大意，如果有一個環節引起足夠重視，那麼……

救援船隨後趕來，但是船已經沉沒，除了水性極好的尼爾，無一人生還。

負責安全的尼爾，後來的歲月裡一直活在悔恨當中。企業的管理者，當然不可能像這艘船這樣發生如此密集的錯誤，但是員工的小錯誤也會傳染，也需要管理者及時處理。不然的話，等到大錯真正發生時，管理者或許根本沒有能力去改正。

日本人的竅門

日本是一個資源匱乏的島國，二戰期間還遭受過沉重打擊，但是現在的日本卻能夠發展出索尼、松下、豐田、本田等世界著名品牌企業。很多不瞭解的人就會納悶，日本人的管理到底有什麼高招？肯定有什麼「竅門」是我們不知道的吧？

拋開歷史上的國仇家恨不談，用客觀的眼光來看，日本確實有很多值得學習的地方。日本人沒什麼高招，只是把中國人也能做好但卻總是疏忽的東西一個個地撿起來，並認真做到而已。比如遵守規則。

不管是大企業家還是小學生，對日本人來說遵守規則非常重要。日本人就是有這種「拙」勁兒，硬是把我們覺得沒什麼的事做得特別認真，所以人家就打造出世界知名的企業了。

換個幽默一點的方式比喻，日本人因爲學不會乾坤大挪移、九陽神功這些「絕世武功」，所以他們只好天天練習扎馬步這些「基本功」。沒想到假以時日，扎實的「基本功」也成了大絕招。而中國人自認爲很聰明，根本沒把基本功放在眼裡，腦子裡天天想的都是「絕世神功」，但光想哪裡想得出什麼所以然？不知不覺中連基本功都忘光了。最後只剩下一場空。

在日本，河豚被奉爲國粹。河豚肉質細膩，味道極佳。但這種魚的味道雖美，毒性卻極強，處理過程稍有不慎，就有可能致人於死。同樣是吃河豚，在日本鮮有中毒死亡的新聞。

日本的河豚加工程序十分嚴格，一名合格的河豚廚師至少要接受兩年的嚴格培訓，考試合格以後才能領取執照營業。在實際操作中，每條河豚的加工去毒需要經過三十道工序，即使是老練的廚師，也要花二十分鐘才能完成。但在其他地方，加工河豚就像做普通菜一樣，加工過程隨隨便便，烹飪過程也沒有太多的工序。

加工河豚為什麼需要三十道工序而不是二十九道。這點我們不得而知，我們知道的是日本人很少發生吃河豚中毒的事件，原因就出在工序上。經過三十道工序後，河豚肉不僅味道鮮美，而且衛生無毒。粗糙的工序只會導致嚴重的後果。

既然加工河豚需要培訓至少兩年，操作要三十道工序，那就按照規定一步一步來。日本人就是這樣，真的沒有什麼「竅門」。他們唯一強大的地方，就是關注細節，關注小事。日本是一個處處重視細節的國家，是世界上最擅長「積小為大」的民族。

我們擁有幾千年的文明，沒有理由做不好日本人擅長的「小事」。問題從來就不是我們「不會」或「不能」，而是我們「不屑」。

工作無小事

認真研讀名人傳記，就會發現一個規律——成功者及偉人都是注重細節的人，在他們的工作中從來沒有小事。

老子曾說：「天下難事，必作於易；天下大事，必作於細。」他精闢地指出，想成就一番事業，必需從簡單的事情做起，從細微之處入手。建築大師密斯・凡・德羅，用一句話來描述自己成功的原因，他說：「魔鬼藏在細節裡。」他反覆強調，如果對細節的把握不到位，無論你的建築設計如何恢弘大氣，都不能稱之為成功的作品。可見細節的重要性，古已有之，中外共見。

任何人都不可否認一個事實：最偉大的生命往往是由最細小的事物點點滴滴彙集而成。絕大多數人很少有機會遇到重大的轉折，很少有機會能夠開創宏偉的事業。而生活往往就是由這些瑣碎的事情、無足輕重的事件，以及那些走過不留一絲痕跡的細微經驗漸漸彙集成，正是這些細節構成了生命的全部內涵。

所羅門說過：萬事皆因小事起。而「摩德納的水桶」這個故事正是這句名言的有力證據。

一〇〇五年，摩德納聯邦的幾個士兵帶著這只著名的水桶跑到隸屬於波羅尼亞的一個共和國。這原本是不值一提的小事，卻引起了一場糾紛，引發長達十幾年的戰爭。國王理查三世準備拼死一戰了。瑞奇蒙伯爵所帶領的軍隊正迎面撲來，這場戰鬥將決定由誰統治英國。

開戰當天早上，理查三世派馬夫去備好自己最喜歡的戰馬。

「快點釘馬蹄，」馬夫對鐵匠說，「國王希望騎著牠打頭陣。」

「你得等等，」鐵匠回答，「我前幾天才幫全軍隊的馬釘了馬蹄，現在我得先找一些鐵片。」

「我等不及了。」馬夫不耐煩地叫道，「敵人快打來了，我們必需馬上迎擊，有什麼你就用什麼吧。」

於是鐵匠埋頭開始做事，把一根鐵條弄成四個馬蹄鐵，然後整形，固定在馬蹄上，開始釘釘子。釘了三個馬蹄後，他發現釘子用完了，沒辦法釘第四個馬蹄。

「我還需要一兩個釘子，」他說，「得花點兒時間打出來。」

「我告訴過你時間來不及了，」馬夫急切地說，「軍號都響起來了，能不能隨便找兩個湊合著用？」

「我能把馬蹄釘上，但是沒辦法像其他幾個那麼牢。」

「確定掛得住嗎？」馬夫問。

「應該能，」鐵匠回答，「但我沒把握。」

「那就先這樣釘吧，」馬夫叫道，「快點，要不然國王會怪罪到咱們頭上。」

兩軍開始交鋒了。理查國王衝鋒陷陣，鞭策士兵迎戰敵人。「衝啊，衝啊！」他喊著，率領部隊衝向敵陣。

他看見遠方戰場另一邊，幾個己方士兵退卻了。如果被別人發現，其他士兵也會後退的。所以理查策馬揚鞭衝向那個缺口，召喚士兵掉頭戰鬥。還沒衝到一半，一隻馬蹄掉了，戰馬跌翻在地，理查也被掀在地上。

國王還來不及抓住韁繩，驚恐的馬匹就跳起來逃走了。理查環顧四周，士兵們紛紛轉身撤退，敵人的軍隊包圍了上來。

他揮舞著寶劍。「馬！」他喊道，「一匹馬，我的國家傾覆就因為這一匹馬。」

他沒有馬騎了，軍隊也已經分崩離析，士兵們自顧不暇。不一會兒，敵軍俘獲了理查，戰爭結束了。

從那時起，人們就唱道：

「少了一個鐵釘，丟了一隻馬蹄。

少了一隻馬蹄，丟了一匹戰馬。

少了一匹戰馬，敗了一場戰役。

敗了一場戰役，失了一個國家，
所有的損失都是因為少了一個馬蹄釘。」

這個著名的傳奇故事道出理查三世遜位的史實。莎士比亞的名句「馬，馬，一馬失社稷」使得這一戰役永載史冊，同時也告訴我們：一個不負責任的小小疏忽，會帶來多麼大的災難。

很多時候，一件看起來微不足道的小事，或者一個毫不起眼的變化，卻能改變一場戰爭的勝負。戰場上無小事，所以每一位軍官和士兵必需始終保持高度的注意力和責任心，始終具備清醒的頭腦和敏銳的判斷力，才能夠對戰場上出現的每一個變化、每一件小事迅速做出準確的反應和決斷。

「戰場上無小事」這句話也同樣適用於企業，適用於每一位主管和員工。因爲，在工作中也沒有小事。

希爾頓飯店的創始人康尼•希爾頓就是一個注重小事的人。康尼•希爾頓要求員工：「萬萬不可把心裡的愁雲掛在臉上！無論飯店本身遭到何等的困難，希爾頓接待員臉上的微笑，永遠是顧客的陽光。」正是這永遠的微笑，讓希爾頓飯店的版圖遍佈世界各地。

其實，每個人的工作都是由一件件小事構成的。士兵每天進行操練、戰術訓練、巡邏、擦槍等小事；飯店的接待員每天的工作就是對顧客微笑，回答顧客的提問，打掃房間，整理床單等小事；公司管理者，每天所做的可能就是接聽電話、查看報表、視察工作之類的小事。你是否對此感到厭倦，覺得毫無意義而提不起精神？你是否因此而敷衍應付，出現懈怠的心態？這都不能成爲你漠視責任的理由。請記住：這就是你的工作，而工作中無小事。

容貌跟能力無關

一個人的相貌是父母所賜，自己無法改變。一個長得美的人能力不一定強，長得醜的人能力也不一定差。管理者識人不應以相貌爲標準，這樣才能真正識別出下屬是否有真才實學，是否爲真正德才兼備的有用之才。

以貌取人是一種慣性，是人類社會普遍存在的通病。這一點春秋時期的孔子早就有所認識：「不有祝鮀之佞，而有宋朝之美，難乎免於今之世矣！」祝鮀是衛國大夫，因能言善道受到衛靈公重用，而宋國貴族宋朝，因長得漂亮受到衛靈公及夫人南子的寵愛。對於這種現象，孔子認爲，要是一個人僅僅憑藉能說會道或長相漂亮就得到君主的重用，那這個時代就一定有問題了。

荀子對這個問題看法跟孔子類似，在《非相》篇中，他批判了唯心主義的識人術，指出以貌取人是荒謬的。他說：「看一個人的外貌、體態，不如研究他的思想。」荀子認爲一個人身材的高矮胖瘦、相貌的美醜，都不能決定他的好壞和能力的高低。他舉例說，衛靈公有個臣子名叫公孫呂，身長七尺，面長三尺，模樣非常古怪，然而「名動天下」。楚國孫叔敖的頭髮短又稀少，左手長、右手短，身材非常矮小，但仍「而以楚霸」。另外，「葉公子高，微小短瘠，行若將不勝其衣」，卻平定了白公勝之亂，「定楚國，如反手爾，仁義功名著於後世」。

「容貌甚偉」的人當然也有。比如：夏朝和商朝的暴君夏桀和商紂，「長巨姣美，天下之傑也；筋力越勁，百人之敵也。然而身死國亡，爲天下大僇，後世言惡，則必稽焉」。後人論起亡國之君，首先總會想起他們。

這兩個暴君會有「身死國亡」的下場，顯然不是由於長得不美，而是由於他們才疏學淺、不懂選賢任能所致。由此可見，一個人有沒有才能，與相貌無關，所以古語說得好：「人不可貌相，海水不可鬥量。」

印度詩人泰戈爾曾經這麼說：「你可以從外表的美來評論一朵花或一隻

蝴蝶，但不能以此來評論一個人。」

在管理者的識人學裡，首先就主張不要以貌取人，因爲以相貌取人很容易識錯或用錯人。其貌不揚的人當中也有不少高人，相貌出眾的人當中當然也有不少平庸之輩。人的才能與相貌之間，根本沒有必然的關係。

公司是每個人的

３Ｍ是世界著名的跨國企業，素以勇於創新、產品繁多著稱。在上百年的歷史中，開發了六萬多種產品。研究３Ｍ的成長歷程，瞭解它是如何將主人翁意識融合到企業員工的血液中，可以爲企業管理者們提供有益的啓示。

３Ｍ與主要競爭對手——諾頓公司——在一開始時是齊頭並進的，到如今卻形成鮮明的對比。戰後一段時間，兩家公司規模大致相當，但諾頓公司的組織結構更完善；３Ｍ當時雖然也是一個正在成長的挑戰者，但它只能說是一個小老弟。然而到了一九五〇年代中期，３Ｍ的規模已是諾頓公司的二倍；到了六〇年代，成長爲諾頓的四倍；七〇年代中期，銷售量是諾頓的六倍；到八〇年代中期，銷售量是諾頓公司八倍。九〇年代中期，當３Ｍ成爲《財富》雜

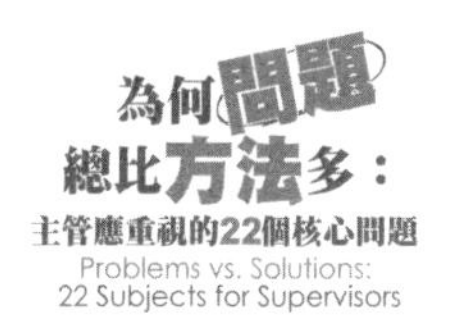

誌最受美國人尊敬的公司排行榜常客時，諾頓公司已被法國工業巨頭聖・高拜恩公司吞併了。

縱觀這兩家公司的發展史，他們同爲規模龐大、多元化經營的公司，但二者卻體現了兩種不同的經營理念。當諾頓公司構築其精細的組織框架和複雜的管理體制，以幫助高層管理者籌畫戰略、配置有效資源並控制經營活動時，３Ｍ的總裁卻與經理們討論起每個人的主要職能，那就是創造出「一種能夠培養每個員工都擁有主人翁意識的組織環境」，把精力集中於充分挖掘每個員工的潛力。

簡而言之，３Ｍ與諾頓公司在管理上最根本的差異，就是企業文化的差異。３Ｍ的發展基石，就是大力培養員工的主人翁意識。管理者明白，激發員工的動能需要每一位員工都對工作有著主人翁意識。想提高員工工作的積極度，首先要給員工當家做主的感覺，這樣員工才有自我表現的動力。

對一個家庭來說，每個成員都是家庭的一分子，都是這個家的主人，人人都會爲這個家著想，這個家就容易興旺。對一個企業來說，道理也是如此，每位員工都是企業這個大家庭的一分子，只要大家同心，企業這個大家庭也容易興旺。這就是主人翁意識。

所以，企業要獲得永續發展，在市場上具有持久的競爭力，就需要全體員工同心，發揮出動能和聰明才智。所以企業主們必需重視培養員工的主人翁意識這件事。

在現代企業中，很多管理者都想當然地認爲：「企業是我個人的，我才是這裡的主人。」因此，他們總是單純地把員工當作是爲自己創造利潤的工具，忽視了員工的主觀動能和創造思維更加重要，結果激起員工的叛逆心理，還常常因爲堅持己見，而錯失很多發展良機。

其實，企業要想做大做強，僅僅依靠兩三個人的智慧是不夠的。只有充分激發全體員工的主人翁意識和身爲主管的責任心，才能發揮出員工的最大潛能，使企業取得突破性的發展。

管理者如何在具體的實踐中，激發員工的主動性，培養主人翁精神呢？

一、培養「員工就是老闆」的意識

企業管理者不可能面面俱到，也不可能事必躬親，這就需要培養員工自己就是老闆的意識。通過各種活動，教育員工時刻站在老闆的立場和角度上思考問題，把公司的問題當成自己的事情來解決。另外，管理者還要將「人人都是螺絲釘，樣樣都是自家事」的精神灌輸到企業員工的頭腦中，這不僅是員工個人素養提升的重要標誌，也是提高企業工作效率的關鍵所在。

二、不以年齡論英雄

很多企業管理者認爲年輕人做事浮躁、不可靠、過於急功近利，於是把年齡當作起用人才的重要標準，以此來降低用人風險。事實上，年輕人也有很多年長者所不具備的優點和特長：他們年輕有朝氣、想法新穎獨特、接受新鮮事物的能力強；他們敢作敢爲、敢打敢拼；而且思考單純，不工於心計，也不易受條條框框的約束，因此很有可能作出一番大事業。最重要的是，年輕人是企業未來的支柱，如果沒有給年輕人鍛鍊的機會，一方面會使企業缺乏後備力量，一方面也容易使他們感到沒有歸屬感，導致人才流失，這對企業來說是很不利的。

責任感來源於主人翁意識

我們在家裡打掃時，忙東忙西從沒有人會抱怨，因爲這是自己的家，我們有責任這麼做。如果員工也把企業當成自己的家，把自己當成企業的一部分時，抱怨和偷懶也會跟著消失。歸根結底，這樣的責任感，就來源於主人翁意識。

韓國某知名公司有一個非常獨特的管理制度——一日領導者制。即員工輪流當經理，全權管理公司大小事務。

輪流擔任經理的工作內容，和真正的經理沒什麼區別，擁有一切處理公司事務的權力。他們擔任一日經理時，如果發現員工有不正確的地方需要改進，就必需詳細記錄在工作日誌上，分發給所有員工，並請大家發表意見。而

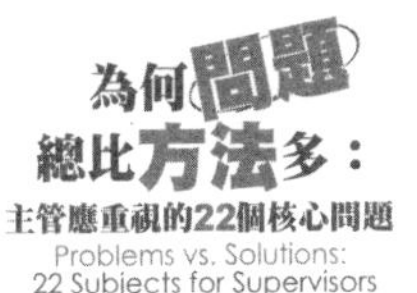

公司其他的部門經理、主管等，在收到這個記錄後，必需根據其中的批評和意見，隨時審核自己的工作是否存在記錄中所說的失誤。所以他們必需竭盡全力，才能在經理這個位置上表現得最好。

自從「一日領導者」制在公司實行以後，員工的工作狀態大為改觀，公司的向心力極度增強，僅僅開展後的第一年，就節約了近五百萬美元的生產成本。

讓公司所有員工都試著做一次老闆，他們就會對「我是公司的主人，我應該做主人應該做的事情，承擔主人翁的責任」有深刻體會。員工有了主人翁精神，當工作過程中出現了「責任空白」時，就會懂得主動填補空缺。

「責任空白」會隨時隨地出現在企業管理中，我們無法採用面面俱到的規章制度，來解決「責任空白」的出現，這時候就應當主動發揮主人翁精神，用自己的行動來填補。

珍妮是一家外貿公司的職員，負責一些雜務，工作瑣碎且辛苦，不過她總是盡心盡力，沒有怨言。

珍妮連續五年上班全勤，無論颳風下雨從未遲到早退。而且她樂於助人，年年當選優秀員工。她自願放棄每兩週一次的週六休假，也從未填報加班費。珍妮走過的公司角落，你不會看到不該亮的燈、沒關緊的水龍頭，或是地上的紙屑。

珍妮也是環境清潔的維護者。清理垃圾時她堅持實施垃圾分類，印壞的紙張或是背面空白的廢紙，她都裁成小張分給同事做便條紙，其他廢紙只要是可以回收的，就一一攤平後與廢紙箱一併捆綁賣掉，得到的錢捐給工會。

顯而易見，珍妮已經把企業視為自己的家了。她贏得了同事們由衷的敬佩，尤其當有些人抱怨工作不順時，看到她每天很認真地做事，也就無話可說了。兩年後，珍妮靠著把自己當做企業主人的責任感，被破格提升為總務主任，進入公司中階主管的行列。

珍妮的行爲也是一個用主人翁精神填補「責任空白」的例子，在別人抱怨工作中出現「責任空白」的時候，她並沒懈怠自己的責任，而是盡職盡責地完成自己的工作。她的行爲還影響了其他人，使公司得以順利運作。

可見，如果每個人都能夠充分發揚主人翁精神，那麼就不會出現那麼多責任缺失的現象了，企業也必然會健康穩定地發展下去。

壞話只是被我們想壞了

作爲一個管理者，常常會遇到這樣的煩惱，公司裡稍有風吹草動，就會流言滿天飛，攪得人心惶惶，無法安心工作。

如果某位員工向主管報告了一些問題，不管主管有沒有做出反應，這位員工都會被冠以「向主管打小報告」的惡名，迅速遭到孤立與排擠。久而久之，再也不會有員工願意來反映問題了，於是主管遭到孤立，永遠無法掌握員工實情和公司的真實動態。

但是，這一切都還不是最令管理者頭痛的，「流言滿天飛」的終極表現，是「幫派鬥爭」。公司裡三五成群地結成一個個小幫派，彼此指責對方的人品有問題，天天在背後說別人的壞話，認爲某某人應該被立刻請出公司。

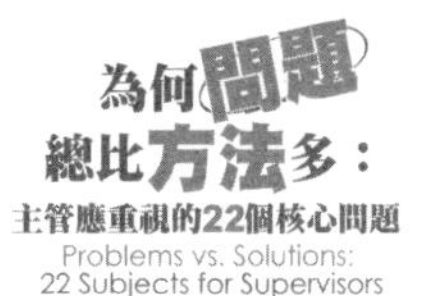

對於這些紛紛擾擾，很多管理者都感到特別頭大，煩不勝煩，卻想不出什麼好辦法。於是乎，很多管理者乾脆扮起黑臉，爲大家劃上一條不可逾越雷池半步的紅線：不管誰鬧事，通通各打五十大板，雙方都給我走人。

表面上看，這一招還真靈，命令一出立刻鴉雀無聲。但實際上，所有問題都還在，只是轉移到地下而已。公司表面上一團和氣，暗地裡依然鬥的不可開交。不過既然表面上沒事，管理者也就樂得睜一隻眼閉一隻眼，就當做天下太平就好，何苦自己爲難自己呢。

其實，壞話往往沒那麼壞，說壞話的人有時候只是想發發牢騷罷了，並不一定有什麼特殊的用意。所以，只要你想把它看淡，它就可以被看淡。

不管是關係多好的哥們兒，彼此之間也會有互說壞話的時候。這種壞話，並不意味著徹底否定對方；僅僅是負面情緒的發洩而已，發洩完了，一切都不會有改變。但要命的是，說者無心，聽者有意，壞話的主角往往會將這種壞話無限放大，直到將它變成一顆原子彈，徹底炸掉他人與自己。

這就是「說壞話易，聽壞話難」的道理。舉個例子，無論是多愛子女的父母，或者是多孝敬父母的子女，其實一生當中也少不了說對方的壞話。有些子女和父母還會經常拌嘴吵架，但這絲毫不會妨礙他們對彼此的愛與感情。因爲這本來就是兩碼事，弄明白了這個道理，我們就可以對那些「明槍暗箭」更加釋懷，其實好好想想，我們自己也沒少向別人放箭啊，只是「放箭之人輕鬆，中箭之人難受」而已。

同樣的，「敵意」這東西也往往被人爲放大了。實際上別人對你的敵意，往往是來自於你自己。如果你看一個人不順眼，就會在不經意間不自覺地流露出你的敵意。雖然你自己覺得一點都不明顯，但別人不是傻子，這種敵意會準確無誤地爲對方所捕捉，從而招來對方的敵意。所以若是反過來，當對方已經對你產生了敵意時，只要你以誠相待，敞開胸懷擁抱他，就算剛開始時會讓他將信將疑，假以時日也會化解掉他心中的敵意。

所以，「他老是看我不順眼，老是與我爲敵」，恰恰是因爲你對他也是同樣態度的關係。只要你先邁出第一步，主動化干戈爲玉帛，就會發現身邊到處都是朋友，每個人看上去都那麼可愛。

提升謠言免疫力

一句謠言的威力，有時甚至大過一顆炸彈。雖然大家都知道謠言不可輕信，一旦傳入你的耳中，而且還有人不斷地向你重複，多少都會令你心中不快，終於使你被牽著鼻子走了。

甚至，謠言還會讓一些平時很精明的人一時糊塗。

燕國雖然是個小國，但卻有樂毅這樣的大將。燕昭王十分欣賞樂毅的賢明和優秀的軍事才能，所以經常和他商量如何討伐齊國。

樂毅分析說：「想要伐齊，除了和趙國、楚國、魏國聯合作戰外，就沒有其他的辦法了。」燕昭王接受了他的建議，派樂毅率領軍隊聯合趙、楚、魏三國兵力，一起向齊進攻，一舉擊破了齊國七十餘座城。齊國此時僅剩下莒和即墨這兩座城池。

正在這時，燕昭王去世了，兒子惠王即位。當前形勢，對燕國來說除了還沒有攻陷的莒和即墨兩城之外，已經沒有值得擔憂的事情了。樂毅就把齊國改為燕國的郡縣，同時將齊國的財寶源源不斷地運回燕國，使得燕國更加富強。

可是，齊國鎮守即墨的將軍田單，他知道燕惠王剛即位不久，對國事還不能把握，便悄悄派奸細到燕國去散佈謠言：「樂毅一直沒有把剩下的兩城攻陷，是為了延長戰事，同時在齊國等待時機，企圖自立為王。」

這些謠言果然傳到了燕惠王耳裡。惠王信以為真，派大將騎劫換回了樂毅。

騎劫的才華遠遜於樂毅，田單使用種種計策，誘使騎劫上當，最後以「火牛陣」將騎劫打敗，並乘勝收復了齊國的失地。

燕惠王聽信謠言，臨陣換將慘遭失敗，事後他後悔不已，但是為時已

晚，這正是不能「待物以正」的結果。

爲何人們那麼容易被謠言蠱惑呢？原因大概是平時就沒能對客觀事物有深刻的瞭解和把握。自身經驗不足，心理上又不成熟穩定，所以缺乏辨別是非的能力，一旦謠言四起，便信以爲真。

其實，有一類人並非缺乏經驗，而是心理素質不夠好。如俗語所說：「謊言重複一千遍，也會變爲真理。」心理上經不住謠言的反覆進攻，越來越沉不住氣，變得焦躁不安。在這種狀態之下，當然無法冷靜的思考了，過往的一切經驗都將被沖毀。

身爲管理者，對謠言有免疫力是最基本的要求。如果像燕惠王那樣輕信謠言，使得有才華的員工鬱鬱不得志，平庸的員工靠謠言就能上位。這對企業來說，將會是巨大的災難。

奧卡姆剃刀

在企業執行任務時，管理者需要找到提高執行效率的方法。這個方法就是奧卡姆剃刀。

西元十四世紀，英國奧卡姆的威廉對當時無休無止的「共相」、「本質」之類的爭論感到厭倦。於是著書立說，宣傳「唯名論」，只承認確實存在的東西，認爲空洞無物的普遍性要領都是無用的累贅，應當被無情地剔除。他所主張的「思維經濟原則」，就是如無必要，勿增實體。因爲他是英國奧卡姆人，人們就把這個理論稱爲「奧卡姆剃刀」。

大哲學家羅素對「奧卡姆剃刀」的評價很高，認爲這個理論在邏輯分析中是一項最有成效的原則。奧卡姆剃刀定律在企業管理中，可進一步深化爲簡

單與複雜定律，也就是把事情變複雜很簡單，把事情變簡單很複雜。這個定律要求人們在處理事情時，要把握本質，解決最根本的問題。尤其要順應自然，不要把事情複雜化，這樣才能處理好。

二〇〇九年一月中旬，NBA火箭隊球星麥迪和小羅納德因傷無法上陣，確立了火箭隊以來自中國大陸的姚明為核心的首發陣容。火箭在戰術上策略非常明確，就是以姚明為核心，完成球隊的進攻。

火箭的進攻就是將球傳給姚明，讓姚明去單打，如果對方不對姚明進行包夾，姚明就堅決上籃完成單打；如果對方對姚明施以包夾戰術，姚明就把球分出來傳給外線的隊友，讓球由一側移動到另一側，這樣火箭外線就可以利用另一側防守空虛的機會，突破上籃或者投三分球。

一月十八日，在與熱火隊的比賽中，姚明十二投十二中得到二十六分，命中率達到百分之百。這樣的手感讓熱火隊抓狂，火箭隊在那場戰役中，把姚明的球技發揮到了極致。簡單就是美，其實火箭的戰術並不需要太複雜，只要發揮姚明的內線得分能力，讓球隊中每個人都明白自己的角色，火箭就會成為一隻實力非常強的球隊。

「奧卡姆剃刀定律」雖然不斷地在哲學、科學等領域得到應用，但使它進一步發揚光大，並廣爲世人所知的，則是在近代的企業管理學。好的理論應當簡單、清晰、重點突出，企業管理理論亦不例外。在管理企業制定決策時，應該儘量把複雜的事情簡單化，剔除干擾，抓住重點，解決最根本的問題，才能讓企業保持正確的方向。

一九九四年二月，美國國家銀行發展部主管吉姆・沙利和約翰・哈里斯召集下屬開會，議題是改善領導階層、員工和客戶之間的溝通與聯繫，最終目標是使美國國家銀行成為世界上最大的銀行之一。

為期兩天的會議結束之際，牆上掛滿了草案、圖表和靈光乍現的新主意。會議尾聲時，約翰拿著筆記本站了起來。「我們要說的就是這些，」約翰

舉起筆記本說，「簡單就是力量。」他在白板上寫下這幾個紅色大字，就是這場會議的結論。

約翰的確抓住了提升工作效率的關鍵。無論做什麼事情，我們都應當樹立這樣的信念：「簡單就是力量。」

通用電氣公司的前任CEO傑克·韋爾奇認爲，最簡單的方法就是最好的方法。曾任蘋果電腦公司總裁的約翰·斯卡利說過，「未來屬於簡單思考的人」。如何在複雜多變的環境中，採取簡單有效的手段和措施去解決問題，是每一位管理者和員工都必需認真思考的問題。

喬許是某公司的測試員。該公司最近開通一項新業務，按照以往的慣例，業務開通前一定要進行大量的費率及功能測試等。如何最有效率地完成測試，並保證盡可能的覆蓋現有業務，成了他與另一位同事爭論的焦點。

同事主張將所有現存的業務都測試一次，如果人不夠，可以找人來幫忙。工作量大概為每天八小時，這麼做的目的在於避免以後出了問題時，追查到最後發現是因為測試部沒有進行測試，導致必需承擔責任。喬許則主張分析業務的系統特性，針對必要範圍進行測試。他認為這項工作只是原有業務的延續，沒有必要重新從頭測試，只要簡單抽測即可，應該將更多的時間和精力放在功能測試等方面，免得出現真正的漏洞。

經過多次爭論之後，同事最終同意了喬許的意見，工作效率比以往的任何測試都提高了一倍。為此，主管在員工大會上口頭表揚了他們，並號召大家學習這種敢於抓住關鍵環節解決問題的能力。

簡化工作是提升工作效率的重要方法。它可以幫助我們把握住工作的重點，集中精力做最重要或最緊急的工作。在高強度的工作環境之下，如果不能理清思路，以複雜問題簡單化的方式工作，針對重點問題進行解決，那麼各項工作目標就難以實現。

企業管理者若想充分利用奧卡姆剃刀定律增加執行效率，有幾種方法可以借鑒：

一、恪守簡單原則，將簡單觀念貫穿於工作的過程中。

二、清楚瞭解工作的目標與要求，可避免重複作業，從而減少發生錯誤的機會。

三、懂得拒絕別人，不讓額外的要求擾亂自己的工作進度。

四、主動提醒上級將工作排定優先順序，可大幅度減輕工作負擔。

五、報告時要有重點，只需少量但足夠的資訊。

六、過濾電子郵件，回郵精簡。

七、當沒有溝通的可能時，不要浪費時間。

八、專注於工作本身。

沒有及時追蹤就會前功盡棄

追蹤就是追蹤進度，這是一個動態過程。在執行時，追蹤正是執行的核心所在。所有善於執行的人，都會帶著宗教般的熱情來追蹤自己的完成進度。

追蹤能夠確保人們執行自己的任務，確認一切都是按照預定的時間表。「追蹤」夠暴露出規劃和實際行動之間的差距，並迫使人們採取相應行動來協調整個組織的工作進展。如果情況發生變化以至於人們不能按照預定計劃進行工作的話，領導者的追蹤就可以確保執行人員及時得到新的指令，並根據環境的變化採取相應的行動。

領導者可以採用一對一的方式進行追蹤，也可以採用小組討論的形式來收集回饋。二者的區別就在於：小組討論的時候，每個參與討論的人都能從中

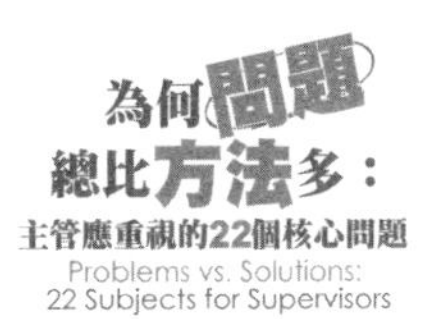

學到一點東西。不同觀點之間的爭論，使得人們能夠看到決策的標準，判斷的方式以及各種決策的利弊。在提高人們判斷能力的同時，這種討論也加強了整個團隊的凝聚力。

每次會議結束之後，都應總結出一份清晰的追蹤計畫：目標是什麼；誰負責這項任務；什麼時候完成；用何種方式完成；需要什麼資源；下一次專案進度討論什麼時候進行；用何種方式進行；將有哪些人參加。如果沒有精力對某個專案進行徹底追蹤，就千萬不要批准這個專案。

如果目標沒有得到嚴肅對待的話，就沒有太大意義。很多公司都是因爲沒有及時追蹤，而白白浪費了很多很好的機會。而這一點同時這也是執行力不彰的主要原因。想想看，你每年要參加多少沒有結果的會議——人們花了很多時間進行討論，但在會議結束的時候卻根本沒有做出任何決策，更沒有得出任何確定的結果。每個人都對你的提議表示同意，但由於沒有人願意承擔任務執行的責任，你的提議最終還是沒有產生任何實際結果。出現這種情況的原因有很多，可能公司遇到了其他更重要的事情，也可能大家認爲你的提議並不好。

由於二〇〇一年經濟蕭條的影響，美國一家高科技公司的收入下降了百分之二十。CEO評估了一個重要部門的運營計畫書之後，向該部門主管表示祝賀——因為他們已經成功地改變了成本結構，並有效降低了成本。但同時他也注意到：企業仍然沒有達到投資回報目標。

於是他提出了一個可能的解決方案。他剛剛瞭解了存貨流動率的重要性，所以他建議該部門應該與供應商大力配合，提高存貨周轉率，從而實現真正的收益。

「你們準備採取什麼措施？」他問採購經理。

這位經理回答說，他可以完成任務，但前提是必需得到工程設計部門的幫助，「我需要二十個工程師。」經理說。

CEO接著轉向工程部門副總裁，問他是否能夠分派一些工程師來完成這項工作。工程部門副總裁想了半分鐘，然後冷冷地說：「工程師們根本不願意聽採購部門的使喚。」

CEO盯著這位副總裁，似乎在考慮著什麼問題，最後他說：「我希望你最遲星期一能夠抽派二十名工程師來完成這項任務。」隨後他朝門口走去，突然轉過身來，看著採購經理，又說道：「我希望你能夠每月安排一次視訊會議，參加人員包括採購部門、工程設計部門、製造部門以及我，這樣我們才能及時瞭解採購部門的工作進展。」

這位CEO做了些什麼呢?首先，他解決了採購部門和工程設計部門的衝突，掃除了實現目標的障礙。其次，透過建立起定時的追蹤機制，他確保了每個人——包括那位態度消極的工程設計部門副總裁——都能夠意識到並切實完成自己的任務。而且藉由這些行爲，他也向公司其他人傳遞了敦促行動的信號。這就是很好的任務追蹤範例。

追蹤就是跟蹤進度，是將目標變成行動，讓行動產生效益的重要步驟。目標確立之後，追蹤是基本的保證。放棄了追蹤，目標的實現就失去了保證，很容易前功盡棄。

別讓目標只是個目標

如果只是單純的提出目標，每個人都能提出一籮筐，但是不可執行的或不去執行的目標，都沒有任何作用。目標必需是可執行的，換句話說，目標不能只停留在企業願景的階段，更不能只停留在宏偉事業層面。

一群老鼠開會討論如何避開貓的捕捉這個問題。他們訂了一個很宏偉的目標，就是派一隻老鼠在貓的尾巴上掛一個響鈴。這樣只要貓一走動，鈴聲就會響起，老鼠就得以全身而退。結果由於沒有任何一隻老鼠願意執行這個任務，造成計畫流產。老鼠依然每天生活在惶惶不安之中。

然而在貓這邊，故事卻有另一番發展。

貓主人是一對夫妻，女主人非常寵這群大小貓咪，她每天都買魚給貓吃，貓當然樂於享受這種不勞而獲的美食，漸漸對捕捉老鼠失去了興趣，身體也笨拙了許多。

但是，鼠患依然存在。男主人對貓的表現十分不滿，時常呵斥牠，並揚言要將牠扔到街上去流浪。這個威脅讓貓很恐慌，於是貓咪將孩子們召集到身前說：「我老了，你們誰願意替我教訓教訓那些鼠輩們？」

小貓們都不說話，牠們心理想著的是：「你老了，但我們也胖了啊，誰還跑得動啊。」

老貓看大夥都不積極，嘆了口氣，退一步說：「你們要是覺得勉為其難的話，也可以換個方法。你們之中誰願意去和老鼠談判，只要牠們保持安靜，我就願意把主人每天買的魚分給牠們一半。」小貓們依然不太積極，各自忙著找藉口，迅速逃離現場。最後，貓咪們真的被男主人送到流浪動物之家去了。

管理者應該懂得將企業目標分解爲可操作的流程，並定下標準和考核計畫。無法執行的目標毫無價值可言，所以目標一定要明確、容易理解，並且必需是可操作的，才能真正起作用。

一個團隊的奮鬥目標，就是團隊發展的靈魂，也是團隊的前進方向。因此，團隊目標必需明確，而且一旦目標確立，所有成員的行爲都會圍繞著目標而進行。

一九六二年，山姆•沃爾頓在他的第一家商店掛上沃爾瑪的招牌後，招牌的左邊就寫著「天天平價」。這句話成為沃爾瑪的任務綱領，指導沃爾瑪為實現這個目標控制成本。

沃爾瑪的經營宗旨是：「天天平價，始終如一。」這句話指的不僅是一種或若干種商品低價銷售，而是所有商品都是以最低價銷售；不僅是在一時或一段時間低價銷售，而是常年都以最低價格銷售；不僅是在一地或部分商店低價銷售，而是所有地區都以最低價格銷售。

正因為沃爾瑪力求商品比其他商店更便宜，這個方針使得沃爾瑪成為行業中的成本控制專家，成本降到同行間最低水準，真正做到天天平價。

目標具有力量。在新企業中，創業團隊對於「達成目標」這樣的激勵口號，感受更深切。其實，從企業發展的角度來看，制定目標就能夠產生巨大的動能。但是，這種動能只有與執行手段對接起來，目標才會迸生巨大能量，而那些不能被執行的目標，都只是空架子而已。

爲了確保目標的實施，在推行目標時，所有人員應注意以下幾點：

一、每人都需記住總目標，以及自己的工作進度。這是有效運用自我控制，努力達到目標的基礎。

二、對於未列入目標中的工作，也應用心去做。不應只限於自己的目標而工作，這樣才能有效地完成自己應該負責的全部工作。

三、各級主管需根據目標的進展，定期調整員工的工作。除日常管理工作外還需隨時微調目標，才能使組織的業務平衡發展。

四、員工需隨時回報。對於特殊情況，如果必需報告上級，應儘量以最快的方式報告，使上級儘快掌握目標執行過程中的特殊變化，以利於及時反應。

五、工作上的細節應盡可能由下屬親自處理。除非下屬要求上級給予指導或協助，否則上級應避免不必要的干涉。

抓住賣點才有更多賣點

如今很多企業管理者都在爲一個問題感到困惑，那就是「我們生產的產品，最具吸引力的賣點究竟在哪裡？」如果只是像小販一樣向顧客當面推銷產品，每個管理者都能滔滔不絕地說出一堆產品的好處。但是身爲企業，就不能單單靠「推銷」這樣的基本手段，而應做好「產品行銷」。爲此，就需要準確抓住產品最能吸引消費者的一兩處賣點。如果抓的不夠精準，就有可能親手「毀滅」一個優秀的產品，爲企業造成巨大的損失。

一個青年想賺得人生第一桶金，然後像父親那樣白手起家。於是，他歷盡艱險來到熱帶雨林，找到一種高十餘米的樹木，這種樹在整個雨林中也只有一兩棵。砍下樹後必需等待一年，待其外皮腐爛，只留下木心沉黑的部分。此時一種無比的香氣便會開始散發開來。這種木頭若放在水中，不會像別的樹木一樣漂浮，反而會沉入水底。

青年將香氣無與倫比的樹木運到市場上去賣，卻無人問津，這使他十分苦惱，倒是他身旁那一個賣木炭的攤位，生意興隆。

後來，他就把香木燒成木炭，挑到市場，結果很快就賣光了。青年為自己改變了主意而自豪，回家把故事如實告訴老父親。不料老人聽了，淚水刷刷地落了下來。

原來，被青年燒成木炭的香木，是世界上最珍貴的樹木——沉香。老人說：「只要切一小塊磨成粉，它的價值就會超過賣一年木炭所賺的錢啊……」

其實行銷策略本身就是一種賣點，透過策略提煉出「品牌利益」，來滿足目標客戶的需求，這就是打動目標客戶群的精髓。很多人不懂得運用這個策略，以致行銷工作無法取得好成績。

單一產品可以具有多種用途，並由此構成多個賣點。人們往往看不到產品的最大價值，才會導致因小失大。只有在市場上與時俱進，挖掘出產品賣點，建立強烈的自信心和責任感，才能在紛繁複雜的市場競爭中立於不敗之地。

在美國有「行銷怪傑」之稱的鮑洛奇，從窮人到億萬富翁，進而成為家喻戶曉的人物，成功的原因就在於他在行銷上出奇制勝。

一天，有個水果倉庫起火。滅火之後，庫內儲存大量從阿根廷進口的香蕉都被烤黃了，皮上還有許多黑點，無法出貨。鮑洛奇當時經營了一個小水果攤，當他趕到現場時，倉庫老板正哭喪著臉犯愁，並表示：「誰願意買，喊多少錢我都願意賣了，多少補一點成本就行了。」但現場無人回應。

一向對各種事情都喜歡探究的鮑洛奇剝開外皮一嚐，發現經過燒烤的香蕉居然別有一番風味，只不過外皮不夠漂亮而已。

於是他將經過火烤的香蕉全部低價買下，在大街上叫賣：「最新進口的阿根廷香蕉，與衆不同的南美風味！先嚐後買！」

有人心動了，嚐了嚐，發現味道確實不錯。於是幾十箱香蕉很快一掃而空，鮑洛奇因此賺了一大筆錢。

「賣點」對行銷來說，就是具有明顯推進作用的策略。而且相對於其他銷售手段，找到「賣點」，就具有其低投入、見效快、易控制、易操作、突擊性強的特點，可以爲企業帶來利潤。所以，如何抓好產品的賣點，應該是企業管理者們都應該認真思考的課題。

上謀伐心

縱觀歷史我們會發現，長時間的武力征服若不能使被征服者屈首，他們的厭惡乃至仇恨就會與日俱增，最後必將奮起反抗。而真正聰明的領導者則會作長遠的打算，以攻佔人心的方式讓人信服。戰爭的主體是人，商戰的主體也是人，所以攻心術放在商場上同樣適用。比如以下這則廣告，就是「攻心行銷策略」的例子。

「今天不要買摩托車，請您稍候六天，要買摩托車您必需慎重地考慮——有一輛意想不到的好車就要來了，請您稍候六天。」

這是一九七四年三月二十六日，在各大媒體登出的一則行銷廣告，除了上述的文案之外，既沒有廠商的名字，也沒有任何畫面。

第二天，相同的媒體繼續登出這則行銷廣告，內容只改了一個字：「請您稍候五天」。

第三天改為：「請您稍候四天。」

第四天則為：「請您稍候三天，買摩托車，您必需考慮到外形、耗油量、馬力、耐用程度等。有一輛與眾不同的摩托車就要來了。」

第五天又改為：「讓您久候的摩托車——無論外形、動力、耐用度、省油都能令您滿意的『野馬』一二五CC摩托車就要來了，痲煩再稍候兩天。」

第六天的行銷廣告為：「對不起，讓您久候的三陽『野馬』一二五CC摩托車，明天就要來了。」

第七天，「野馬」一二五CC新車正式登場，果然造成轟動。三陽公司配送到各地經銷商的摩托車全部被搶購一空。接下來數天，搶購風潮仍歷久不衰，「野馬」成為市場上一二五CC車種的主流產品。三陽摩托車其他型號的車種也連帶暢銷起來。

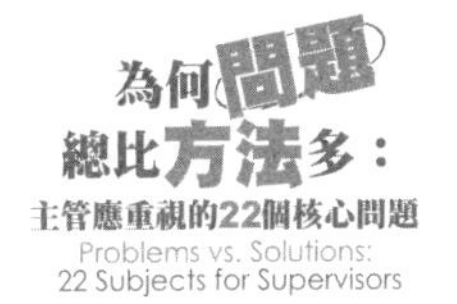

這是一個大膽而新穎的構想，這次的促銷活動，不但使野馬摩托車一炮而紅，也奠定了三陽摩托車在市場上的領導地位。

在現代企業管理上，用攻心方式行銷產品的企業越來越多，他們抓住消費者心理，迅速使自己的產品佔領市場。

那麼企業管理者該怎樣執行攻心式品牌行銷呢？下面的建議或許會對你有所幫助。

一、先進行目標消費者的心理分析與溝通

在品牌定位之後，企業需要理解目標消費者的心理及購買產品期望獲得的額外價值。企業應注重與消費者之間的溝通，挖掘他們內心的渴望，站在消費者的角度，去審視自己的產品和服務。

二、進行消費情景的體驗轟炸

行銷人員不再單線思考產品（品質、包裝、功能等），而是透過各種手段和途徑（娛樂、店面、人員等）來創造綜合效應，以增加消費者的體驗。

只要意志夠堅定，方法總比困難多

人最大的敵人並不是對手，而是我們自己。因此，只有將自己的意志歷練得更加堅韌，對困難不再恐懼，才能更快地踏上成功之路。

一八八三年，工程師約翰·羅布林雄心勃勃意欲著手建造一座橫跨曼哈頓和布魯克林的大橋。然而大多數橋樑專家們認為這個計畫純屬天方夜譚，勸他趁早放棄。羅布林的兒子華盛頓·羅布林是一個很有前途的工程師，也確信這座大橋可以建成，父子倆克服了種種困難，在構思著建橋方案的同時，也說服了銀行家們注入資金。

然而大橋剛開工僅幾個月，施工現場就發生了災難性的事故。父親約

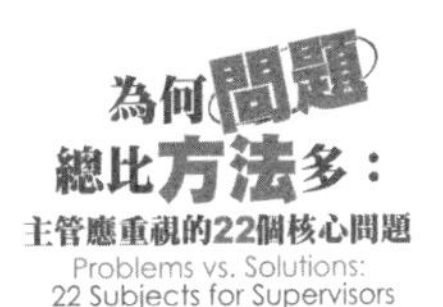

翰．羅布林在事故中不幸身亡，華盛頓的大腦也嚴重受傷。許多人都以為這項工程會因此而中止，因為只有羅布林父子才知道如何把這座大橋建成。

儘管華盛頓．羅布林喪失了活動和說話的能力，但他的思維還是和以往一樣敏捷，他決心要把父子倆花費很多心血的大橋建成。一天，他腦中忽然一閃，想出一種和別人交流的方式，用的是他唯一能動的一根手指。他用那根手指敲擊妻子的手臂，通過這種方式由妻子把他的設計構想轉達給負責建橋的工程師們。

整整十三年，華盛頓就這樣用一根手指指揮著工程，直到雄偉壯觀的布魯克林大橋終於落成。

這是一個令人難以置信的奇蹟，華盛頓．羅布林在經歷了災難之後，仍然堅持用一根手指指揮工程，直至大橋完工。相比之下，我們在工作中遇到的困難算什麼呢？傑出的職場人士總是積極向上，他們堅信：無論如何，方法總比困難多。

馬上就要過年了，有一家公司董事長卻在為員工的獎金發愁，擔心萬一發不了獎金，就會影響到員工的士氣。

按照往年的慣例，年終獎金都會加發兩個月，可是因為今年的盈餘大幅滑落，兩個月獎金的標準看來是達不到了。這時，總經理提出一個辦法，董事長聽完後眉頭頓時舒展了。

沒過兩天，公司突然傳出小道消息：「由於營運不佳，年底要裁員。」頓時人心惶惶，每個人都在猜測會不會是自己。基層的員工想：「一定由下面裁起。」上面的主管則想：「我的薪水最高，只怕從我開刀！」

但是，總經理接著宣佈：「公司雖然艱苦，但大家同在一條船上，再怎麼危險，也不願犧牲共患難的同事，只是年終獎金，大概沒辦法按照往例發給大家了。」一聽說不會裁員，人人都放下心頭上的大石頭，不用擔心捲舖蓋的竊喜，早就壓過了沒有年終獎金的失落。

眼看除夕將至，人人都做好了過個窮年的打算，彼此約好拜年不送禮，以共渡難關。突然，董事長又召集各單位主管緊急會議。目送著主管們匆匆進入會議室的背影，員工們面面相覷，心裡都有點七上八下：「難道變卦了？」

沒幾分鐘，主管們紛紛回到自己的部門，滿臉笑容地告訴大家：「還是有年終獎金，整整一個月，馬上發下來，讓大家過個好年！」

整個辦公室裡，此起彼落地爆發出一片歡呼，連坐在頂樓的董事長，都感覺到了地板的震動……

尋找解決問題的方法雖然不很容易，但方法總是有的，只要運用自己的智慧努力思考，難題終究會得到解決。高層管理者身爲公司的大腦，擔負著引領公司的重任，如果遇到了難題，就應該堅持努力找方法的原則，絕不輕易放棄。

不是沒辦法，而是沒努力去想

當你下達任務時，是否會聽到「實在是沒辦法」、「一點辦法也沒有」這樣的話？你是不是會覺得很失望？這樣的下屬你還想繼續用嗎？

當老闆下達某個任務，或者同事、顧客提出某個要求時，你是否也會這樣回答？

一句「沒辦法」，似乎就爲自己找到了可以不做的理由。可是，真的沒辦法嗎？還是我們根本沒有動腦筋去想？

一家位於市區開業近兩年的美容沙龍，吸引了附近一大批穩定的客戶，每天生意興隆，利潤可觀。

　　由於經營場所狹小，老闆很想增開分店，可是手頭資金根本不夠，老闆苦思冥想，到底該如何籌措開分店的資金呢？突然想起，平時有不少熟客都要求打折優惠，自己總是很爽快地打了九折。於是他靈機一動，推出十次卡和二十次卡，費用必需預收，購買十次卡的客戶可以獲得八折優惠；二十次卡的費用，給予七折優惠。

　　對客戶來講，如果不買卡，最多費用打九折。買了卡，就可以打到八折，甚至是七折。於是這個優惠活動，吸引了許多新舊客戶的購買。兩個月內就解決了開辦分店的資金缺口，同時也獲得一批固定的客源。靠著這個辦法，老闆先後開辦了五家美容分店。

　　很多時候只要我們用大一點的視野和綜觀全域的胸懷來看待問題，用靈動多變的思考方式和隨機應變的智慧去分析，就不會找不到解決問題的方法。

　　做任何事情都是這樣，既需要勤奮刻苦，也要努力動腦筋想辦法。傻瓜喜歡速決：他們不顧障礙，行事魯莽，做什麼事都急匆匆；有時儘管判斷正確，卻因爲疏忽或辦事缺乏效率而出差錯；在遇到難題的時候，不是積極主動地尋找方法，而是默默地待在那裡等待時間去自行解決。

但是智者不會這樣，他們一生都在想方設法，爲人類解決了很多根本解決不了的問題。在現代社會，每個人都在想盡辦法解決生活中的一切問題，而且最終的強者，也將是善於尋找新方法的人。

稻盛和夫在日本被譽為「經營之神」。他所創辦的京都陶瓷公司，是日本著名的高科技公司之一。在公司剛創辦不久，他就接到松下電子的零件訂單。這筆訂單對京都陶瓷公司的意義非同一般。

但是，與松下做生意絕非易事，業界對松下電子公司的評價一向都是：「松下電子會把你尾巴上的毛拔光。」

對新創辦的京都陶瓷公司而言，松下電子雖然看中其產品的好品質，給了他們供貨的機會，但在價錢上卻一點都不含糊，且年年都要求降價。

對此，京都陶瓷有一些人很灰心，他們認為：我們已經盡力了，再也沒有潛力可挖了。再這樣做下去，根本無利可圖，乾脆放棄算了。但是稻盛和夫認為，松下出的難題確實很難解決，但是屈服於困難，卻是替自己的不夠投入找藉口，只有積極主動地想辦法，才能找到解決之道。

於是，經過再三摸索，公司創立出一種名叫「變形蟲經營」的管理方式。具體做法是將公司分為一個個的「變形蟲小組」，並以小組為最基層的獨立核算單位，將降低成本的責任落實到每一個人身上。即使是負責打包的員工，也要知道用來打包的繩子原價是多少，必需明白浪費一根繩子會造成多大的損失。這樣一來，公司的營運成本大大降低，即便是滿足了松下電子苛刻的條件之後，利潤依舊甚為可觀。

最終的勝利屬於善於尋找方法的人。在職場中，當人們身陷困境時，有些員工總是抱怨不休，這樣做從來就不能讓他們身處的劣勢有絲毫變化，可見抱怨根本沒有絲毫益處。只有先靜下心來分析自己，並下定決心去改變困境。付諸行動，困境才能向你所希望的方向發展。

西方流傳著一句十分有名的諺語，叫做：「Use your head」，意思就是用你的腦袋去思考。有的時候，我們可能無法改變外在環境，但是我們可以轉換自己的思維，適時改變思路，只要我們放棄了盲目的執著，選擇了理智的改變，就有可能開闢出一條成功之路。

事實上，成大事者和平庸之人的本質區別，就是能否理性的對待困難，是否勇於解決困難，是否主動尋找解決問題的新方法。成功的人並非沒有遭遇過困難，差別只在於他們絕不會說出「沒有辦法」這句話。在困難面前千萬不能屈服，這樣才是積極尋找辦法的第一步。

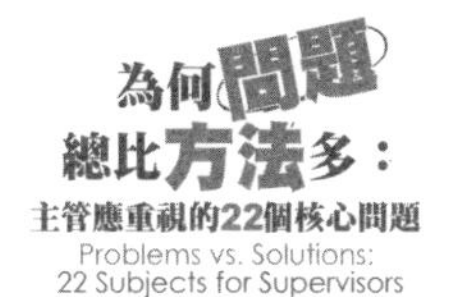

藉口吞回去，辦法想出來

藉口是拖延的溫床。習慣找藉口的人，總會找出一些藉口來安慰自己，讓自己輕鬆舒服一些。要知道，主管這個職位是爲了解決問題，帶領公司前進，而不是爲了分析事情有多麼困難。不論是失敗了，還是做錯了，再好的藉口對於事情本身也沒有絲毫用處。敬業的人遇到困難時，總是能夠主動找方法解決，而不是找藉口逃避責任，找理由爲失敗辯解。

也就是說，敬業的管理者應該富有開拓和創新精神，絕不會在沒有努力的情況下，就事先找好藉口。他會想盡一切辦法完成老闆交辦的任務，條件再困難，他也會創造條件；希望再渺茫，他也能找出許多方法去解決。優秀的人不管被派到哪裡，都不會無用武之地。

好的方法往往能讓人脫穎而出，爲人爭取到更大的發展空間。不要抱怨自己運氣不好，你該明白，絕大部分的機會都是自己爭取來的。

一九五六年，美國福特汽車公司推出了一款性能優越、款式新穎、價格合理的新車，但這款新車的銷售業績平平，完全沒有達到預期的效果。公司高層們焦急萬分，但絞盡腦汁也沒有找到能讓產品暢銷的辦法。

剛畢業的見習工程師艾柯卡是個很用心的人，他瞭解了情況後就開始琢磨，怎樣才能讓這款汽車暢銷。

終於有一天他想到了一個靈感，於是逕自來到經理辦公室，向經理提出一個創意：在報上刊登廣告，標題為「花五十六元買一輛五六型福特汽車」。這是個很吸引人的口號，很多人紛紛開始打聽詳細內容。

艾柯卡的方法是：想買一輛一九五六年生產的福特汽車，只需先付百分之二十五的貨款，餘下部分可以用每月付五十六美元的辦法分期付清。

他的創意受到公司的採納，而且成效顯著。「花五十六元買一輛五六型福特汽車」的廣告深入人心，同時也打消了很多人對車價的顧慮，創造了一個銷售奇蹟。艾柯卡的能力很快地受到賞識，不久他就被調往華盛頓總部，成為區域經理，最終坐上了福特公司總裁的寶座。

艾柯卡極富創意的廣告，不僅解決了福特五六型汽車的銷售危機，更成爲艾柯卡成功人生的起點。這就是尋找方法的妙處。不懼怕困難，相信自己，找到方法就能令你脫穎而出，爲自己贏得更多的成功機會，爲事業發展開創出一片新天地。

由此可見，只有積極找方法，才能展現更好的效益；只有積極找方法的高階幹部，才能彌補老闆的不足，成爲公司的關鍵人物。有些人之所以無法成功，就在於對困難太容易屈服，無端地將困難放大，把自己看輕。其實，只要你努力去找方法，就一定會找到，而且越去找方法，便越會找方法；越會找方法，就越能創造更高的價值。這不僅能提高你找方法的自信，而且使你越來越懂得找方法的竅門。

永遠都不要想維持現狀

有些人對於用人的理論是這樣的：用人不一定要用太有「想法」的人，務實守本份的最好；制度用不著經常「創新」，維持現狀就好，平平淡淡才是真嘛！

過日子的確可以平平淡淡。但對企業來說，任何一種形式的因循守舊，都是致命傷。平平淡淡根本不是真。

在這個科技迅速發展的時代，世界變化之快可以用日新月異來形容。真的完全不需要主見，也不用動腦，只要乖乖服從命令就能做好的工作越來越少。這個時代要求的是：不僅要有想法，還不能光說不練，畢竟想法需要靠行動來落實。

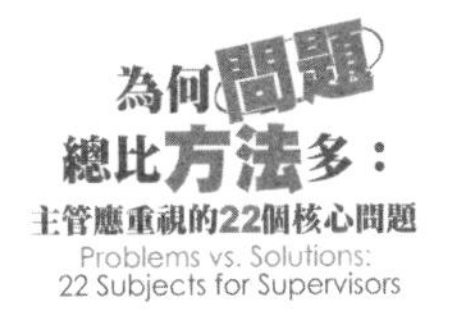

企業的制度確實不需要天天創新。一個經過實務檢驗，並被證明的確有效的制度，必需經過一段時間的穩定執行，天天更動會令員工不知所措，失去方向。但是，即使經過檢驗證明有效的制度，隨著時間、地點、人物、環境的變化，也會事過境遷，出現適用性的質變。可惜在很多企業裡，經常發現制度明明已經不再適用，卻還固執地以爲用穩定就能戰勝一切，以「維持現狀就是進步」作爲藉口，拒絕變革與創新。

現實生活中，真正能夠維持住現狀的企業少之又少。魯迅先生曾說過：「沉默啊，沉默啊，不在沉默中爆發，就在沉默中滅亡。」企業如果不經常尋求刺激，拒絕變革，就只能在沉默中滅亡。

挪威人愛吃沙丁魚，不少漁民都以捕撈沙丁魚為生。但是沙丁魚必需保持活跳跳的，才鮮嫩可口。漁民出海捕撈沙丁魚，如果抵港時還活著，賣價就會比死魚高出好多倍，但是沙丁魚總是還沒到達岸邊就已經奄奄一息。

漁民們想了無數的辦法讓沙丁魚活著上岸，但都失敗了。然而，有一條漁船卻總是能帶著活魚上岸，他們的營收也比其他人好很多倍。

原來，他們在魚槽裡放了幾條鯰魚。鯰魚是沙丁魚的天敵，當魚槽裡同時放有沙丁魚和鯰魚時，鯰魚出於天性就會不斷地追逐沙丁魚。在鯰魚的追逐下，沙丁魚必需拼命游動，因此充滿活力。

這就是「鯰魚效應」的道理。人們藉由引入外界競爭者的方式來激發內部的活力。如果組織內部缺乏活力，效率低下，不妨就引入一些鯰魚，讓牠攪亂內部原本的平靜，逼沙丁魚們都動起來。「鯰魚效應」在組織人力資源管理上的運用，經常會帶來出乎意料的效果。

本田汽車的總裁本田宗一郎就曾面臨一個問題：公司裡的員工過多，人浮於事，嚴重拖累企業。可是若把這些員工開除也不妥當，一方面會受到工會的壓力，另一方面企業也會蒙受損失。這個問題讓他大傷腦筋。他的得力助手，副總裁宮澤把沙丁魚的故事說給他聽。本田聽完了宮澤的故事之後豁然開朗，連聲稱讚：「這是個好辦法。」

宮澤最後補充：「其實人也一樣。一個公司如果人員長期固定不變，就會缺乏新鮮感和活力，容易養成惰性，缺乏競爭力。只有在受到外在壓力和內部競爭的氣氛之下，員工才會有緊迫感，激發進取心，企業才有活力。」本田深表贊同，於是他決定去找一些「鯰魚」加入公司，以製造出緊張氣氛，發揮「鯰魚效應」。

說到做到，本田馬上著手進行人事方面的改革。當時，尤其是銷售部經理的觀念與公司的精神相距太遠，而且他的守舊思想也已經嚴重影響了下屬。因此，必需找一條「鯰魚」來，儘早打破銷售部只想維持現狀的沉悶氣氛，否則公司的發展將會受到嚴重影響。經周密的計畫和努力，終於把松和公司的銷售部副理——年僅三十五歲的武太郎挖了過來。

武太郎接任本田公司銷售部經理後，首先制定了本田公司的行銷法則，對原有市場進行分類研究，制定了開拓新市場的詳細計畫和明確的獎懲辦法，並把銷售部的組織結構進行了調整，使其符合現代市場的要求。

武太郎上任一段時間後，憑著豐富的市場經驗和過人的學識，以及驚人的毅力和熱情，受到了銷售部全體員工的好評，員工的熱情得到啟發，活力大為增強，銷售業績也出現了轉機。不但月營業額直線上升，而本田公司在歐美及亞洲市場的知名度也跟著不斷提高。

本田對「鯰魚效應」的效用大感驚喜。從此，本田公司便每年都從外部聘用一些精明幹練、思維敏捷、三十歲左右的生力軍，有時甚至還會聘請常務董事等級的「大鯰魚」。這樣一來，公司上下突然間如觸電一般，處處都有了存在感。

當壓力存在時，爲了更安穩地發展下去，承受壓力的人必然會比其他人更用功。而越用功，跑得就越快。適當的競爭猶如催化劑，可以激發人們體內最不可限量的潛力。

在一個部門裡，如果人員長期固定，彼此太過熟悉，就容易產生惰性，削弱組織的活力。這時，如果能從外部找來一些「鯰魚」，就能對原有部門產

生強烈的衝擊，同時也可以適當刺激其他員工的競爭意識，克服員工安於現狀、不思進取的惰性。

因此，想激發員工的積極度，提高企業的管理和技術水準，最好的辦法就是：找到好動的「鯰魚」。

開拓屬於自己的藍海

在這個追求創新的時代，想避免陷入墨守成規的陷阱，企業就必需時刻強調創新。不能創新的公司，註定要衰落滅亡，而一個不知道如何對創新進行管理的管理者更是無能。日本汽車之所以稱霸全球，克萊斯勒廂型休旅車的崛起，就充分說明了創新對於提升企業競爭力的重要性。

一八七〇年代初期，中東戰爭爆發，全球發生金融危機。一直對美國市場伺機而動的日本汽車公司，終於等到了好機會。儘管在一九七四年時，經歷過連續快速增長的日本汽車工業也受到這次石油危機所帶來的影響，出現自一九六五年以來的首次負增長。但在那一年，日本汽車率先減少對耗油量大車

型的資金投入，轉而全力發展節能小型車。

小型車開闢了新的市場藍海。因為特別省油，更是受到深受石油危機困擾的歐美民眾熱烈歡迎。一九七六年，日本汽車出口達到兩百五十萬輛之多，首次超過國內銷量。以福特、通用和克萊斯勒為首的美國汽車工業這時才如夢方醒，開始重金投入省油的小車型開發工作。

其實在日本汽車大舉進入之前，美國汽車三巨頭並不是沒有發現小型車的市場需求。但是為了不要成為第一個在原有的競爭格局中發生變化的車廠，三家中沒有任何一家願意對這種車型投下足夠的重視。於是日本人搶佔了先機，節能小型車的藍海版圖既然是日本首先開創的，所以當然毫無爭議地成為了這個領域的第一名。因為錯失這片藍海，美國三巨頭損失慘重，其中實力較弱的克萊斯勒公司險些因此而破產。

痛定思痛的克萊斯勒開始尋找屬於自己的藍海，他們把眼光停留在廂型車上。傳統廂型車的空間不夠大，不能滿足消費者旅行的需要，而小貨車又不夠輕便。一九八三年，克萊斯勒公司推出介於傳統廂型車和小貨車之間的廂型休旅車系列，從此開闢了旅行車市場，成為了旅行車中的領先者。

後來，很多公司也介入廂型車的研發，富豪汽車曾推出過七四〇渦輪增壓型五門旅行車，這是當時速度最快的旅行車之一。從每小時零至一百公里，加速時間僅需八點五秒，輸出功率高達兩百馬力。一九九〇年代之後，汽車行業進入全球化競爭，市場不斷細分，新的空間越來越少，但其中的規則一直沒有變過：誰的創新力越強，誰就能成為第一名。

市場就是無邊的疆域，企業管理者若在其中一塊疆域稱霸，讓自己成爲這塊領地的開拓者和規則制定者，就是最爲便捷的途徑。

企業發展需要制度來護航

管理學大師德魯克說：「一個不重視公司制度的管理者，不可能是一個好管理者。」制度甚至比資金、技術乃至於人才更爲重要，企業要想做大做強，就必需用完善的制度來護航。

制度是企業賴以生存的基礎，是企業行爲準則和有序運行的體制框架，是員工的行爲規範和高效發展的活力泉源。一個適合的制度，能夠爲企業帶來成功和喜悅；而一個粗糙的制度，會爲企業帶來無窮的失敗和痛苦。所以制度非常重要。

很久以前，有五個和尚住在一起。雖然他們每天固定分食一大桶米湯，但因為貧窮，每天的米湯都不夠喝。

一開始，五個人猜拳決定由誰來分米湯，並且每天都重新猜拳，以這樣的方式決定由誰分米湯。於是每個人都只有在自己負責分米湯那天才吃得飽。

後來他們決定推選出一位德高望重的人來分。然而才沒過幾天，腐敗產生了，其餘四個人都學會想盡辦法討好分湯的人。最後不但大家依舊餓一頓飽一頓，而且關係也變得很差。然後大家決定改變方針，每天都要監督分湯者，一定要分的公平合理。就這樣，每天分湯時都要經過一番糾纏，最後等到終於分完米湯可以開始喝時，米湯都已經涼了。

因為大家都很聰明，最後又想出了一個方法：每天輪流分湯。不過分湯的人一定要等其他人都挑完後，剩下最後一碗才是自己的。這個方法非常好，為了不讓自己吃到最少的，大家都會儘量平均分湯。執行了這個好方法後，大家變得快快樂樂、和和氣氣，日子也越過越好。

同樣的五個人，在不同的分配制度之下，彼此關係就會不同了。所以一個組織裡，如果缺乏好的工作效率，那就一定存在機制問題。如何制訂出夠好的制度，是每個領導者需要考慮的問題。

專門提供印表機、影印機等相關服務的全錄公司（Xerox）老闆曾驕傲地說：「全錄的新產品根本不用試生產。只要推出，就有大批訂單。」這是為什麼呢？原來，他們開發出的任何新產品都運用了統一的管理模式。這種模式以使用者需求為核心，包括產品定位、評估、設計、銷售等四個面相，共三百個環節。利用各方反饋的資訊，以及對大量資料的不斷調整，使得每項產品一經上市就能滿足用戶的需求。憑著這整套管理程式，百餘年來全錄公司始終是全世界首屈一指的產業領導者。

如果企業缺乏明確的規章、制度和流程，那麼運作就很容易產生混亂。很多企業都會遇到由於制度、管理安排不合理而造成的損失。有的工作好像跟兩個部門都有關係，但實際上又好像兩邊都沒有真正負責。正因爲公司並沒有明確的規定，結果兩個部門彼此都在觀望，原來的小問題就被拖成了大問題，最終使得公司浪費了極大的資源。更可怕的是，制度的欠缺會導致整個組織無法形成凝聚力，協調精神敗壞、團隊意識薄弱，導致工作效率低下。

制度對於企業的根本意義在於爲每個員工創造一個求贏爭勝的公平環境。所有員工在制度面前一律平等，他們會按照制度的要求進行工作，會在制度允許的範圍內努力促進企業效益和個人利益最大化，從而使各個團隊在良好的競爭氛圍中實現績效的突飛猛進。制度爲員工的行爲畫出了規矩，使員工知道哪些行爲是被允許的，哪些是被禁止的。

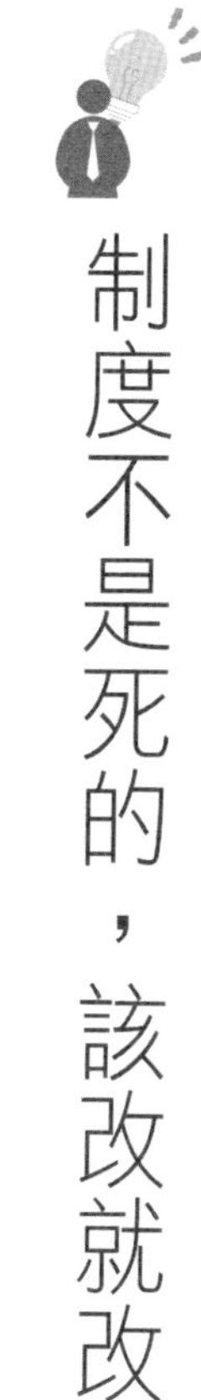

制度不是死的，該改就改

企業制度確立之後並非就此一成不變，不管多好的制度都不可能永遠奏效。任何制度的確立都很難一次做到完美，在執行的過程中還應根據市場的需要和商業環境的變化，不斷地進行調整。如果在執行過程中發現問題，就要及時修訂制度，使之更加完善。企業制度如果不能隨著環境的變化而有所改變，制度不僅會失效，甚至會發生反作用，導致企業遭到淘汰的命運。

台塑公司是台灣著名的企業集團，企業運行尤其依賴嚴格的制度化管理。像台塑這樣一個人員龐雜、事務繁多的大型企業集團，從人到事都很複雜，如果沒有嚴格有效的管理制度，便會像一盤散沙，難以有所成就。

而台塑的董事長王永慶則依靠嚴明的規章制度，不僅把台塑管理得井然有序，而且各部門相互合作，相互配合，成為一個共同體，生生不息，蓬勃發展。

制度化管理是眾多知名企業成功的關鍵之一。台塑的管理制度從無到有，都是由王永慶先生和幕僚們，經過艱辛的努力和沉痛的失敗打擊之後，一點一滴地不斷累積起來的。

王永慶對工作的枝微末節研究得非常透徹，所以他對整個企業，從細節到全域都把握得很準確，對工作中涉及的每項資訊也盡可能詳細地研究討論，制定最合理的操作流程，像燕子築巢那樣，一口一口地銜來細枝堆疊而成。

台塑的規章制度在制定時，總是遵循三個原則：第一，必需切實可行，不能不切實際，好高鶩遠，不著邊際。第二，各項工作都必須有法可依，遵照這些規章辦事，既能提高整體協調性，又能提高工作效率。第三，做到公平合理，為所有員工提供公平的競爭環境。

台塑之所以實施制度化管理，是為了要達成以下目標：第一，提供生產經營的標準操作規範以及合理的工作步驟。第二，使工作績效考評有法可依，以方便管理者對員工進行績效評估。

台塑在最初實施制度化管理時，由於沒有經驗，不僅速度慢，而且時常出錯，造成了不少損失。但是他們不怕失敗，哪裡跌倒了，就從哪裡爬起來。並通過失敗，不斷歸納經驗，修正錯誤，終於建立起這套合理的管理制度。

那麼台塑現在的管理制度，到底能夠達到何種程度呢？用台塑人的話來說就是：「想要在台塑舞弊，無異於從十二層高的樓頂上跳下去撿一塊金磚，其結果必定會粉身碎骨。」台塑的管理制度從建立至今，經過一而再、再而三的修改，幾乎已經臻至完善了。然而面對不絕於耳的讚譽之詞，王永慶先生總說，台塑的管理制度還不夠健全，台塑的明天將比今天更加美好。

再完善、再有效的制度，如果將其束之高閣，不去推行，也沒有用，等於沒有任何制度；但是再不完善的制度，只要能得到切實的貫徹執行，在實踐過程之中不斷地發掘問題，及時修改，最後也會逐漸獲得完善。台塑就是基於這樣的認識，而致力於推行制度化，並經由實踐的過程去證明這項管理制度的優劣。任何一項制度，能否真正得到貫徹執行，關鍵就在管理者的決心，如果管理者鐵了心地投入，那麼即使有再大的困難，也會取得最終的成功。

台塑的管理制度，在開始執行的時候，就像所有的新生事物一樣，面臨著來自各方的敵視、懷疑、排斥和阻撓，但王永慶是個下定決心就不會後退的人。他像培育幼苗一樣，精心撫育新制度的生成，督促它儘快發展成長。台塑的「午餐會報」最初就是為了配合管理制度的有效推行而開展的。

在午餐會報上，王永慶總是會針對各項制度是否貫徹執行進行連珠炮式的輪番轟炸，尤其在細節問題上常出其不意地把主管們問倒。對於在午餐會報上表現不理想的主管，王永慶會毫不留情地予以撤職或調換。在這樣的壓力鞭策之下，誰敢不身體力行地貫徹這些管理制度？

另外，由於台塑旗下企業甚多，人員複雜，光靠王永慶自己的力量當然不能面面俱到。為了使各項管理制度真正深入人心，滲透到企業的各個角落，台塑在一九七三年正式成立了「總管理處總經理室」，來幫助王永慶先生追蹤及督促各單位部門的執行情況，並隨時彙報。經過漫長而艱辛的六年，這些管

理制度終於在一九七九年初見成效，發揮了較大的作用。

王永慶先生和幕僚們並沒有因此而沾沾自喜，舉步不前，他們深知萬事萬物都在發展變化，各種情況瞬息萬變。一切成果不過只是初步的成效，絕不能從此高枕無憂，任其自由發展。於是他們繼續不斷地進行深入細緻的檢查，一旦發現不合理之處，就馬上對症下藥，研究出確實可行的改進辦法，做出修改後，再進行貫徹；然後再發現問題，再做修改……這樣周而復始，使得制度不斷地趨於完善。

王永慶永遠不滿於眼前的成績。在他眼中，台塑的管理制度永遠不會是最好的。正是因為這種精神，台塑總是不停地迎接各種勝利。

分析完台塑規章制度的三大原則，以及期望制度化管理能夠達成的兩大目標，就可以看出詳細周密的管理制度，其實就是「讓一切合理化」。以科學方法制定制度，並有效地執行，靈活地運用，同時不斷地完善，就是台塑成功管理的本質，也是台塑集團蓬勃發展的保障。

管理也可以搭便車

一九五〇年代末期，美國的佛雷化妝品公司幾乎獨佔了黑人化妝品市場，同類廠商始終無法動搖其霸主地位。佛雷公司有一名推銷員喬治・詹森，邀集了三個夥伴自立門戶經營黑人化妝品。剛開始夥伴們一聽到這樣的想法，就對創業動機充滿懷疑，因為他們的實力太弱，根本是拿雞蛋砸在石頭上。

詹森說：「我並不想挑戰佛雷公司，我們只要能從佛雷手上分得一杯羹，就受用不盡了。」

等到化妝品生產完成之後，詹森在廣告宣傳裡用了一句話：「黑人兄弟姐妹們！當你用過佛雷公司的保養品之後，再擦上詹森的粉底，就將會收到意想不到的效果！」這則廣告貌似推崇佛雷的產品，其實是在推銷詹森的產品。

藉著將自家化妝品和佛雷的暢銷保養品排在一起，消費者自然而然地就接受了詹森粉底，公司的生意蒸蒸日上。

詹森跟隨佛雷的方式就是「搭便車」，並且收到了非常棒的效果，這種方法非常值得企業管理者借鑑。管理者可以學習微軟、蘋果、可口可樂這些世界級大公司的管理制度，針對自身的需求稍加改動後，運用到企業中，並且告訴員工這些管理制度的來源有著「微軟」、「蘋果」這些響噹噹的血緣。就算員工對新制度有意見，也會在心裡說：「人家微軟和蘋果的員工都願意接受這樣的規定，一定是有道理的」。其實管理者根本沒做什麼，只是借了這些品牌效益，推行制度時就在無形中減弱了很多的阻礙。

搭便車也要找貴人

據統計，在現代企業中有百分之九十的中高層領導者有過受貴人提拔的經歷；百分之八十的總經理要得貴人賞識才能坐上寶座；自行創業成功的老闆，百分之百都受恩於貴人。沒有人可以只靠自己的力量取得成功，烈日當頭，爲自己找到一棵足以乘涼的大樹，可以避免很多不必要的挫折與煩惱。

無論是借他人之力，還是借名人的聲望，這些「借」都能縮短自己的奮鬥時間，也就是典型的「搭便車」行爲。而那些助我們成事的人，便可稱之爲我們的「貴人」。在現實生活中，有很多種貴人。他們或者能夠爲我們指點迷津，或者在關鍵時刻助我們一臂之力。總之，他們會以各種各樣的方式，提供給我們更多的便利和幫助。貴人可能是學識淵博者、德高望重者、有錢人，也可能是公司裡身居高位的人、令掌權人物崇敬的人，等等。他們的經驗、專長、知識、技能，在某個圈子裡不但名氣響亮，而且說話管用。若有貴人能夠即時扶一把，有時可以省很多力。

晚清商人胡雪巖富可敵國，仔細研究他成功的秘密，很容易發現他之所以獲得驚人的財富，歸根結底就在於他找了兩棵堅實的「大樹」。一個是王有齡，此人在他創業之初給了他很大的關照和幫助。在地方上，胡雪巖依靠王有齡的權勢，獲得了大量的機會，生意才能越做越大。另一個則是左宗棠，左宗棠以戰功謀略聞名，權高位重，使胡雪巖有了更加強有力的靠山。正是這兩棵「大樹」，胡雪巖馳騁商場，獲利頗豐。

類似的事例不勝枚舉：如果沒有甘迺迪的幫助，克林頓不會棄樂從政，並當上美國總統。如果沒有吉米・羅恩的影響，安東尼・羅賓就不會成爲世界上演講費最高的成功學大師。如果沒有曾國藩的提拔，李鴻章很難擺脫早年屢試不第、鬱悶失意的困境，翻開宦海生涯的新一頁。

種種事實證明，一個人要想迅速成就一番大事業，光靠自己的力量是不夠的。還要善於尋找貴人，借貴人之力成就自己。

不過，一棵可以依靠的大樹並不是輕易就能夠找到的，這需要時間，因爲雖然你看上了某個靠山，對方卻不一定願意提拔你、照顧你。你必需在往來之間，讓他瞭解你的能力、人格、家世和忠誠。也就是說，要他能夠信賴你！這就需要一個過程，可能耗時半年、一年，甚至更長。而你不僅要好好表現，還要在難熬的歲月中等待機會，應付貴人給你的考驗。

勞伯創業多年，命運卻似乎總是在跟他開玩笑，他雖然辛苦奔波卻收穫甚微。一次，他居住的城市要進行基礎建設，他覺得這是個機會。可是同一個城市裡符合標準的公司多達十幾家，他該怎樣做才能獲得這個機會呢？他絞盡腦汁，針對此項工程專案負責人的習慣，想出了一個好點子。

這位專案負責人，每逢週末都會到郊區的小湖邊釣魚。於是勞伯確定地

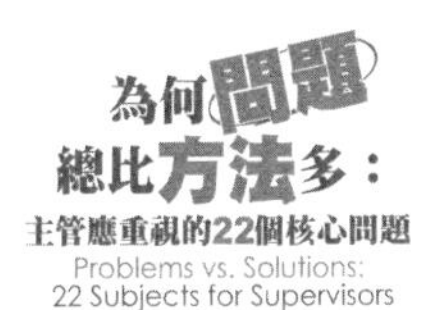

點之後，就帶著釣具跑到那座小湖邊。他先在旁邊看著專案負責人垂釣，每當他釣到魚的時候，勞伯就表現出很羨慕的樣子。負責人自然感到很得意，也注意到勞伯帶著漁具卻沒釣魚，便好奇地詢問。勞伯裝作不會釣魚，借機請教。負責人頓覺遇到同好，便很高興地告訴勞伯一些釣魚的竅門。兩人越聊越投機，不知不覺就談到了各自的工作。勞伯裝出一副很委屈的樣子，說行業競爭的激烈，向那位專案負責人大吐苦水。等到負責人表露身份的時候，勞伯也就順理成章地提出了要求。

可想而知，勞伯的公司當然拿到了工程招標，從此以後勞伯的事業更上一層樓了！

人生路上充滿了坎坷，光靠一個人的努力有時難以應對。因此，找到一棵可以遮風避雨的大樹，進可攻，退可守。有了堅實的後盾做靠山，取得成功也就易如反掌。但是要切記，當你找到靠山後，也不能完全倚仗他人生活。因爲你只不過是利用一下貴人提供給你的條件罷了，後續還需得加倍努力才行。

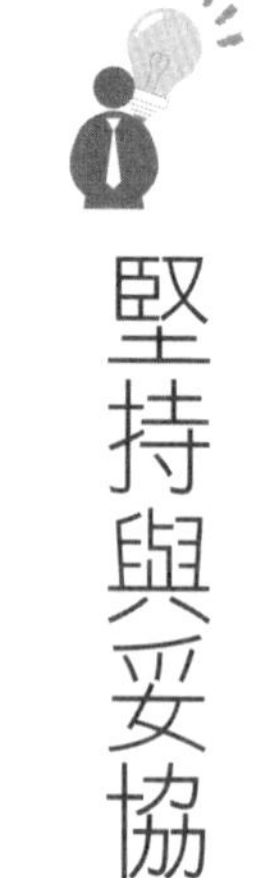

堅持與妥協

在生活中，我們經常可以看見這種人，他們彷彿渾身上下都是「原則」，隨便說一句話都會踩到他們的地雷，他們會馬上擺出一張臭臉跟我們講道理，儼然就是「正義的化身」。但諷刺的是，這些人往往在現實生活中最容易四處碰壁，常常撞得頭破血流，而自怨自艾，成天發牢騷，抱怨世道不公。所以大部分情況下，這些充滿原則的正義使者，同時也是滿腹牢騷的抱怨大王。

原則多不見得是一件好事，太多原則往往意味著不夠靈活。這些「原則」就像一個枷鎖，把人拴得死死的，動彈不得。這個世界複雜多變，什麼樣的人都有，當然不可能每件事都滿足某個人的原則，讓他每天都過得舒舒服

服、心情愉快地做事。

所以，不必抓著那麼多的原則。一個人事事都講原則，就等同於沒有原則。而且一個渾身上下都充滿了原則的人，雖說看起來好像非常強硬，實際上往往極爲脆弱，就像一塊玻璃一樣易碎。這樣的人就是因爲很容易受到傷害，所以才會表現出這種敏感而易怒的性格弱點。

有位管理學大師說過，管理的最高境界其實就是兩個字——妥協。

這裡的「妥協」不是不講原則的亂妥協，而是在不妨礙最終大原則的基礎上，爲了達成最終目標，而主動放棄一些無足輕重的小原則，「求大同存小異」，是一種有意義的妥協。這才是對最終目標負責任的態度，否則就是「固執」，而「固執」會使人拘泥於一些無關痛癢的小原則而不能自拔，致使最終目標受到傷害。因此，對小原則的妥協，恰恰是爲了對大原則的堅持。這才是妥協的真正意義所在。

「以無法爲有法，以無形爲有形，以無限爲有限」，這是李小龍創造截拳道的理論基礎。李小龍不僅是一位武學大師，在哲學上也有很深的造詣。李小龍在美國念大學時主修的是哲學，而他的武學成就，與他厚實的哲學基礎息息相關。

李小龍在他的武學理論中號召人們學「水」，因爲他認爲水是這個世界上最強大的物質，放進圓形容器裡就變成圓形，放進方形容器裡就變成方形。「抽刀斷水水更流」，沒有人可以傷害水，沒有人可以打擊水。但是「滴水穿石」、「海嘯傾城」，水的能量也幾乎可以傷害世界上的一切物質。因此在李小龍看來，水是最能體現「以無法爲有法」、「以無形爲有形」、「以無限爲有限」等哲學理論的完美介質。

既有原則又充滿靈活，是一個管理者必備的素質。只講靈活不講原則，恐怕失之莊重；反之，只講原則不講靈活則失之僵硬。

有原則的靈活

企業管理者在處理與別人的關係時，要懂得變通之道。如果自己的主張與別人有分歧，就必需避免與別人發生正面衝突。身爲管理者，必需兼顧靈活和原則，在做好自己的事時，也處理好與別人之間的關係。尤其在處理與員工之間的關係時，更要強調靈活，多從員工的角度考慮事情，做到未雨綢繆，把事情做到能夠順應人心。

曾國藩是晚清最有實力的大臣。他一方面以忠誠消除了朝廷的顧忌，使朝廷願意授權於他。另一方面，他也盡可能地擴大自己的權勢，使朝廷有顧忌，不敢輕舉妄動。但是清朝畢竟是滿洲貴族的天下。為了防止曾國藩背棄朝廷，清朝在重用曾國藩、胡林翼等人的同時，也安插了湖廣總督官文、欽差大臣僧格林沁等滿蒙貴族以作為鉗制。對此曾國藩當然心知肚明。為了消除朝廷的疑忌，在太平天國剛剛平定時，他就下令將大部分湘軍裁撤。

同治三年，曾國藩正在分期分批裁撤湘軍之際，在湖北的僧格林沁及其部隊，被撚軍（活躍在長江以北安徽北部及江蘇、山東、河南三省部分地區的反清農民武裝勢力）牽制，接連損兵折將。清廷萬般無奈，只好命令曾國藩率軍增援湖北。朝廷這次的調遣，對湘軍非常不利，所以曾國藩的態度也十分消極。其一，攻陷天京以後，清廷咄咄逼人，曾國藩不得不避其鋒芒，自剪羽翼，以釋清廷之忌，為此曾國藩也滿腹愁怨；其二，僧格林沁驕橫剛愎、不諳韜略，向來輕視湘軍。此時，曾國藩正處在十分無奈的兩難之中，他只好採取拖延之法。

曾國藩十分清楚，僧格林沁的大軍在黃淮地區苟延殘喘，失敗只是早晚的事。因此，曾國藩決定按兵不動，靜坐江寧，觀其成敗。

果然，高樓寨一戰，僧格林沁全軍覆沒。這位皇親國戚竟然被一個無名小輩殺死。此時撚軍聲勢更加浩大了，朝廷不得不再次請出曾國藩，命他辦理直隸、河南、山東三省軍務，所用三省八旗及綠營地方文武官員，均歸其節制。兩江總督由江蘇巡撫李鴻章署理，為曾國藩所指揮的湘軍、淮軍籌辦糧餉。這雖是曾國藩預料之事，但再次接到要他披掛上陣，以解清廷於倒懸的命令時，他卻依然十分惆悵。

他明白清廷的著眼點在於解救燃眉之急，確保京津安全。但這只是清廷的一廂情願，此時曾國藩所面臨的出征困難其實很大。湘軍經過裁減後，曾國藩北上剿撚就不得不仰仗淮軍。曾國藩心裡也很清楚，淮軍出自李鴻章門下，要像湘軍一樣，做到指揮上隨心所欲是很難的。另外，在匆忙之間也難以將大隊人馬集結起來，而且軍餉供應也不可能迅速籌集。

曾國藩做事向來未雨綢繆，對於清廷只顧解燃眉之急的做法，實在難以從命。況且，在朝廷處處防範的情況下，若繼續帶兵出征，不知還會惹出多少麻煩。在這瞬息萬變的政治生涯中，他很難預料此行的吉凶禍福。因此，還是採用拖延之法，向朝廷推辭緩行。

儘管他向清廷陳述了不能迅速啟程的原因，但又無法無視撚軍步步北進而不顧。左右為難之際，李鴻章派潘鼎新率領十營鼎軍以及炮營，從海上開赴天津，然後轉赴景州、德州，堵住撚軍北上之路，以護衛京師。此舉為曾國藩創造了出征的有利條件。經過二十幾天的拖延後，曾國藩才於六月十八日登舟啟行，北上剿撚。

正是因爲用了拖延戰術，曾國藩贏得了應對的正確時機，也避免了與朝廷的直接衝突。能夠在騎虎難下，進退維谷之際，促使事態朝有利於自己的方向發展，從萬難之間找到了遊刃有餘的空間。

管理者在工作中遇到左右爲難之境時，也要盡力靈活處之，可拖延的就拖延，能躲避的就躲避，需求助的就求助，該投靠的就投靠。總之無論如何，就是不能傻乎乎地坐以待斃。

管理要有節奏

所有人都知道抽煙是個壞習慣，很多人都想戒，但真正能戒煙成功的卻總是少數，這是爲什麼呢？你可能會不假思索地脫口而出：「毅力不夠！」

這個答案沒有錯，但卻是個沒有經過認真思考的答案。既然抵制誘惑的毅力絕大多數人都不具備，爲什麼又有這麼多人妄圖使用這種笨方法去達成目的呢？這是一件不符合邏輯的事情。

簡單來說，就是不要妄圖「一舉成功」，徹底戒掉。除了因爲一般人原本就很難擁有這樣的毅力，很容易半途而廢、功虧一簣以外，也因爲徹底戒掉一段時間後，由於某種偶發原因，如：遇到損友，或遇到重大煩惱等。只要破戒，下回再想戒就更難了。如此周而復始，戒煙的難度會越來越大，而心理承受力卻會越來越差。到最後絕大部分的人都會採取消極的態度收場：「反正早晚都要死，聽天由命吧，今天還能抽就多抽幾根煙。」所以，正確的戒煙方法應該是為自己留點餘地，降低門檻。別戒得太猛，讓自己留點念想，實在想抽的時候就抽一根。因為心裡有了這種念想，反而能夠降低吸煙的欲望。

這就好比你到朋友家看到一本好書，閱讀的欲望就很強烈，這時你肯定會一目十行地把它看完。但如果你去書店把書買回家，自己也擁有了這本書，你就會不自覺地產生「反正書已經是我的了，什麼時候看都可以」的心理。結果那本書永遠都躺在書架裡，就算佈滿了蜘蛛網你都不會再多看一眼。

戒煙也是一樣的，如果你想徹底斬斷吸煙的欲望，這欲望反而會越來越強烈，不停地騷擾你的心理防線，令你心神不寧，注意力分散，直到意志力崩潰。相反，如果你為自己留下一點「實在想抽的時候可以抽一根」的空間，因為保存了未來吸煙的可能，從某個角度來看，吸煙依舊是你的權利，反而會讓你感到心安，然後逐漸將自己的注意力從吸煙這件事上轉移開來。

其實只要把「戒」改成「借」，達成目標就容易許多。這麼說吧，跟人借煙抽，一定比自己買煙強，這倒不是爲了省錢，畢竟臉皮不夠厚的人，老是向別人要煙來抽肯定會覺得不好意思，而且如果自己身上總是備了煙，也很難控制住自己的煙量。只有用借的，才能替自己控制住吸煙欲望與數量。如此周而復始，吸煙這件事的誘惑力就會越來越小，量也會越來越少，直至最終徹底戒掉。戒煙效果如果差一點，就是雖然量變少，但一生都無法徹底戒除。其實這也沒什麼大不了的，減少吸煙量總比老是反反覆覆地戒不了強。這才是真正務實的態度。

這就是戒煙時常用的「借煙理論」，千萬不要小看這個「借煙理論」，它在企業管理當中同樣可以派上大用場。

很多管理者容易犯下「黑白分明」的錯誤，致使管理工作中動輒出現「一抓就死，一放就亂」的現象，很多管理手段都是在原地打轉，做不出成果。

根據「借煙理論」，管理應該保持一定的「彈性」和「節奏」，才能做到「可持續管理」。任何作法，只有「可持續」，才能出成果。反之，任何

「不可持續」的作法，只會在原地打轉、周而復始，爲企業帶來人力、物力、財力方面的巨大浪費。

如何能掌握「管理的節奏」呢？

很多管理者在實際操作當中，儘管心理明白應該收放自如，但實際操作起來往往會過猶不及，還是擺脫不了「一抓就死，一放就亂」的惡性循環，要不就是綳得太緊，要不就是放得太鬆。

其實解決的方法很簡單，只要管理者不急於求成，不要老是想徹底搞定一切，用「非黑即白」的方法來進行管理。就不會導致因爲門檻太高而使得整個企業內部承受過大的負荷。大部分人都只是普通人，持續承受太高的負荷，早晚有一天會扛不住，到那時一切都會坍塌殆盡。所以既然如此，就別總是跟自己過不去，要學會隨時調整負荷。只有這樣，才不至於過度爲難自己和員工。讓管理手段能夠長期發揮作用，做到「可持續管理」。

所謂隨時調整負荷，也不是亂調整，要有方法和分寸。千萬不要一下緊一下鬆，這樣不只依舊會帶來「一抓就死，一放就亂」的局面，還會給員工一種「狼來了」的心理暗示。員工會漸漸對管理手段無感，然後麻木，覺得上級又是三分鐘熱度，過了就算了。

過大幅度的調整，只會令好的管理白白流於形式，不能夠真正地深入民心。因此，調整的「節奏感」一定要小心謹慎地把握。如有可能，應儘量採取「私下微調」的方式，即表面上維護，私下裡調整。比如說，管理者可以嘴上很嚴厲，不留情面，但在實際操作中適當地睜一眼閉一眼。但是爲了防止「狼來了」效應的產生，你偶爾也要拿出雷霆手段來震懾一下某些員工。

總而言之一句話，不管多大的公司，不管什麼樣的管理手段，都要掌握好節奏。

掌控好自我表現的火候

管理者要讓手下的員工心服口服，有時候需要有意無意地露兩手，自我表現一下。但自我表現並不一定都是好的，也有積極與消極之分，界限就在於自我表現的動機和分寸的把握。如果管理者單純爲了顯示自己，壓倒別人，爭個人的風頭，甚至要小動作，貶低別人，突顯自己。這種表現就太過狹隘自私，易於令人生厭，使自己成爲眾矢之的，那就沒有什麼積極意義可言了。

在交往中，任何人都希望能得到別人的肯定評價，都會不自覺地強烈維護自己的形象和尊嚴。如果談話對象過分顯示優越感，那麼就是對自尊和自信的無形挑戰與輕視，於是排斥心理乃至敵意也就不自覺地產生了。

自我表現最重要的守則便是掌握分寸，不要動不動就孔雀開屏，張揚自我，那樣很容易激發別人羨慕和嫉妒的心態，不知不覺爲自己樹立敵人。

有很多善於自我表現的人常常既表現了自己，又未露聲色。他們與別人進行交談時，多用「我們」而很少用「我」。因爲後者給人以距離感，而前者則使人覺得較親切。要知道「我們」代表著「參與感」，還會在不知不覺中把意見相異的人劃爲同一立場，並按照自己的意向影響他人。

善於自我表現的人一定會杜絕說話帶「嗯」、「哦」、「啊」等停頓的習慣。這些詞語可能被視爲不願開誠佈公，也可能讓人覺得是敷衍、傲慢的官僚習氣，從而令人反感。

善於自我表現的人，也不會給人特別優越的感覺。日常工作中，常常遇到某些領導者，其人雖然很有能力、思路敏捷、口若懸河，但一說話卻令人感到狂妄，因此別人也很難接受由他發出的任何觀點和建議。這種人多數都是因爲喜歡表現自己，總想讓別人知道自己很有能力，處處想顯示自己的優越感，從而希望獲得他人的敬佩和認可，結果卻往往適得其反，失掉了在員工中的威信。

我們提倡的是「適度的自我表現」。如果真的要表現自己的重要性，不如自然地展現自己，無拘無束，不需刻意僞裝自己。只要你表現得自然，就有無限的魅力。若是矯揉造作、見風使舵、媚上欺下地僞裝自己，會讓人討厭，反而讓你失去最美好的東西。既然需要表現出自己的重要性，那麼就自自然然、大大方方、從從容容地表現。

我們要做一個現實的自己，做一個自然的管理者，消除內心的浮躁，盡情表現出自己的本色，就能受到員工更大的歡迎和尊重。

自然就是自我最好的表現。

為何問題總比方法多：主管應重視的22個核心問題（讀品讀者回函卡）

■ 謝謝您購買本書，請詳細填寫本卡各欄後寄回，我們每月將抽選一百名回函讀者寄出精美禮物，並享有生日當月購書優惠！
想知道更多更即時的消息，請搜尋"永續圖書粉絲團"

■ 您也可以使用傳真或是掃描圖檔寄回公司信箱，謝謝。
傳真電話：(02) 8647-3660　　信箱：yungjiuh@ms45.hinet.net

◆ 姓名：　□男　□女　□單身　□已婚

◆ 生日：　□非會員　□已是會員

◆ E-Mail：　電話：(　)

◆ 地址：

◆ 學歷：□高中及以下　□專科或大學　□研究所以上　□其他

◆ 職業：□學生　□資訊　□製造　□行銷　□服務　□金融
□傳播　□公教　□軍警　□自由　□家管　□其他

◆ 閱讀嗜好：□兩性　□心理　□勵志　□傳記　□文學　□健康
□財經　□企管　□行銷　□休閒　□小說　□其他

◆ 您平均一年購書：□ 5本以下　□ 6～10本　□ 11～20本
□ 21～30本以下　□ 30本以上

◆ 購買此書的金額：

◆ 購自：　市(縣)
□連鎖書店　□一般書局　□量販店　□超商　□書展
□郵購　□網路訂購　□其他

◆ 您購買此書的原因：□書名　□作者　□內容　□封面
□版面設計　□其他

◆ 建議改進：□內容　□封面　□版面設計　□其他

您的建議：

剪下後傳真、掃描或寄回至「22103新北市汐止區大同路三段194號9樓之1讀品文化收」

廣 告 回 信
基隆郵局登記證
基隆廣字第 55 號

新北市汐止區大同路三段 194 號 9 樓之 1

讀品文化事業有限公司　收

電話/(02)8647-3663　傳真/(02)8647-3660

劃撥帳號/18669219　永續圖書有限公司

請沿此虛線對折免貼郵票或以傳真、掃描方式寄回本公司，謝謝！

讀好書品嘗人生的美味

為何問題總比方法多：
主管應重視的22個核心問題